职业教育精品系列教材

环境保护

主　编　杨光和　赵　刚　谭文富
副主编　熊布庭　邓宗胜

内容简介

为了发展经济而破坏环境是舍本逐末的做法，一定不能忽视了环境保护！如今，地球环境问题已经成为影响人类的重要问题，不得不引起重视。人类是气候变暖、草原减少、土地沙化、海洋污染等问题的受害者，但更是引发这些问题的加害者。

人类的生存和环境的改变有着紧密的关系，为了满足生活需要而肆意危害环境，只能让我们陷入无休止的困境。环境保护，刻不容缓。此书从地球存在的环境问题引入，分析了各类污染对人类的危害，继而引出保护环境的正确方法，重点突出，方法得当，语言平实，简单易行。借鉴书中的方法，定能减少对环境的危害，多些对环境的保护！切记：保护环境，人人有责！

本书不但适用于中等职业教育，也可以作为普及环境保护知识的通俗读物。

版权专有　侵权必究

图书在版编目（CIP）数据

环境保护 / 杨光和，赵刚，谭文富主编 . —北京：北京理工大学出版社，2022.8 重印
ISBN 978-7-5682-5993-4

Ⅰ.①环… Ⅱ.①杨… ②赵… ③谭… Ⅲ.①环境保护 Ⅳ.①X

中国版本图书馆 CIP 数据核字（2018）第 171864 号

出版发行 / 北京理工大学出版社有限责任公司
社　　址 / 北京市海淀区中关村南大街 5 号
邮　　编 / 100081
电　　话 /（010）68914775（总编室）
　　　　　（010）82562903（教材售后服务热线）
　　　　　（010）68944723（其他图书服务热线）
网　　址 / http：//www.bitpress.com.cn
经　　销 / 全国各地新华书店
印　　刷 / 定州市新华印刷有限公司
开　　本 / 787 毫米 × 1092 毫米　1/16
印　　张 / 10.5　　　　　　　　　　　　　　　责任编辑 / 陆世立
字　　数 / 220 千字　　　　　　　　　　　　　文案编辑 / 代义国
版　　次 / 2022 年 8 月第 1 版第 2 次印刷　　　责任校对 / 周瑞红
定　　价 / 33.00 元　　　　　　　　　　　　　责任印制 / 边心超

图书出现印装质量问题，请拨打售后服务热线，本社负责调换

前 言

如今，世界经济快速增长，物质极大丰富，人们的生活更加便利，幸福指数逐年上升。可是在享受地球恩赐的时候，很少有人会懂得回馈和感恩，甚至还索求无度。

为了获得足够的用水，我们截断了河流，填平了湖泊，却让水中的鱼虾失去了家园；

为了修建高楼，我们砍倒大树，劈开高山，却带来了树种的减少和土质的疏松；

为了满足个人利益，我们猎杀珍稀物种，结果造成了大量物种的灭绝；

为了攫取高额利润，我们过度开采，肆意挖掘，导致一个个地下空城的出现；

……

没有了水，我们如何生活；没有了森林，谁来保护我们不受风沙的侵袭；没有了各类物种，地球生物链就会遭受破坏。我们都是生物链中的一环，任何一个环节出现问题，都会让整个链条出现异常，继而影响到我们。

如今的地球已经千疮百孔，为了个人利益而忽视了地球的感受，必然会遭受地球的惩罚。其实，地球已经开始了对我们的惩罚，如酸雨、雾霾、臭氧空洞、温室效应、荒漠化、土壤侵蚀、洪涝灾害、水土流失、水资源短缺、噪声伤害……只不过，似乎有些不痛不痒，还没有引起人们的重视。其实，这样的惩罚才刚刚开始！

如今，环境已经向人类举起了"黄牌"，这种惩罚会让我们遭受更大灾难。对环境问题不重视，继续破坏生态环境，继续污染大气，环境就会越来越恶化。21世纪，环境问题已经成为最引人注目的政治问题，我们都应该积极行动，做出改变，保护环境和地球。

在享受现代化带来的甜蜜果实的同时，更要细细感受环境恶化带来的苦涩后果。大气污染、土壤污染、水污染、沙漠化、资源枯竭、生态失衡，已经开始影响人们的生活。一旦地球生态系统发生不可挽回的恶化，人类文明所赖以存在的环境条件将不复存在。地球生气了，真的很可怕！

此书从地球存在的问题入手，介绍了地球面临的自然环境、生态环境、地球物种、地球资源、居住环境等问题，重点介绍了大气污染、水污染、土壤污染、海洋污染、噪声污染等对人类的危害，号召人们一起来保护环境。内容全面，案例典型，分析详尽，方法得当。

保护环境，刻不容缓！让我们从自身做起，从身边的小事做起，一起来维护地球、保护地球。

你我的责任就是让生气的地球张开笑脸！

目 录

上篇 问诊——病魔缠身的地球

第一章 多灾多难的地球 ································ 002
- 第一节 自然环境恶化 ································ 002
- 第二节 生态环境遭到破坏 ························ 007
- 第三节 物种无法保全 ································ 011
- 第四节 枯竭的地球资源 ···························· 016
- 第五节 恶化的居住环境 ···························· 022

中篇 确诊——地球病症探查

第二章 让我吸点新鲜空气 ···························· 030
- 第一节 混沌的天空 ···································· 030
- 第二节 让地球流泪的"空中死神" ·········· 034
- 第三节 地球生命的保护伞 ························ 037
- 第四节 地球变成了大暖房 ························ 040

第三章 我想喝口干净水 ································ 045
- 第一节 水是生命之源 ································ 045
- 第二节 水体遭遇危机 ································ 048
- 第三节 珍惜水资源，整治水污染 ············ 053

第四章 勿让土壤伤害我 ································ 057
- 第一节 千疮百孔的大地母亲 ···················· 057
- 第二节 土壤污染成因 ································ 061
- 第三节 植树造林，改善土壤 ···················· 069

第五章　还我清新海世界 ……………………………………… 073
　　第一节　生命的摇篮——海洋 ………………………………… 073
　　第二节　愤怒的海洋 …………………………………………… 074
　　第三节　解开海洋污染的面纱 ………………………………… 077
　　第四节　海洋污染知多少 ……………………………………… 080
　　第五节　保护海洋，迫在眉睫 ………………………………… 083

第六章　让我耳根清净点儿 …………………………………… 090
　　第一节　噪声污染比想象中的更严重 ………………………… 090
　　第二节　噪声的几大危害 ……………………………………… 098
　　第三节　如何削弱环境噪声 …………………………………… 100

第七章　特殊污染——减少不利影响 ………………………… 103
　　第一节　光污染 ………………………………………………… 103
　　第二节　电磁波辐射 …………………………………………… 107
　　第三节　其他污染 ……………………………………………… 110

下篇　用药——善待地球，从我做起

第八章　环境监测——知己知彼，百战不殆 ………………… 118
　　第一节　环境监测概述 ………………………………………… 118
　　第二节　环境监测及管理 ……………………………………… 121
　　第三节　环境监测制度 ………………………………………… 125

第九章　环保对策——用最好的方法，
　　　　　得最好的效果 ………………………………………… 129
　　第一节　环境宣传与教育 ……………………………………… 129
　　第二节　环境管理制度 ………………………………………… 133
　　第三节　环境法治 ……………………………………………… 138
　　第四节　环境保护国际合作 …………………………………… 143

第十章　从我做起——拯救地球，人人有责 ………………… 149
　　第一节　保护环境是你我不可推卸的责任 …………………… 149
　　第二节　清洁生产是人类的选择 ……………………………… 151
　　第三节　控制人口增长，促进可持续发展 …………………… 159

上篇

问诊——病魔缠身的地球

第一章 多灾多难的地球

第一节 自然环境恶化

一、伸手不见五指的沙尘暴

沙尘暴是干旱地区独有的一种灾害性天气，沙尘暴的风力最高可达12级以上，其产生的强风能够将建筑物、树木等摧毁，不仅会对人类造成伤害，还会刮走农田表层的沃土，将农作物的根系暴露在外面，常以风沙流的形式淹没农田、渠道、房屋、道路、草场等，使生态环境进一步恶化；若情况较为恶劣，可造成机场关闭，甚至带来各种交通事故。

从全球范围来看，全世界主要有四大沙尘暴多发区，分别位于中亚、北美以及包括北非至西亚在内的中东地区。亚洲沙尘暴活动的中心主要在约旦沙漠、巴格达与海湾北部沿岸之间的美索不达米亚、阿巴斯附近的伊朗南部海滨、稗路支到阿富汗北部的平原地带。中亚地区的哈萨克斯坦、乌兹别克斯坦和土库曼斯坦等地，都是沙尘暴频繁影响区，但其中心在里海与咸海之间的沙质平原及阿姆河一带。高频率沙尘暴区还延伸至我国的准噶尔盆地、塔里木盆地、蒙古高原、戈壁以及黄土高原和华北地区，局部及过境的沙尘暴还会影响中东、中亚及南亚许多地区。

中国的沙漠区域约为167万平方千米，过度的放牧与垦荒造成大量耕地沙化；再加上，黄土高原土质本来就松散，每到春季，就会引发沙尘暴，给人民和国家带来巨大的损失。数据显示，中国每年因沙漠化造成的直接经济损失高达540亿元。

虽然有三北防护林的保护，可是三北防护林主要的作用是改善局地气候、防风固沙，对于远距离、高空传输的沙尘发挥的作用非常有限。比如，影响北京的沙尘，如果是通过高空5 000米的偏西气流传输而来，以防护林的高度，就无法阻挡了。

我国沙尘暴主要集中在春季，多发地处于塔里木盆地周围、河西走廊—陕北一线、内蒙古阿拉善高原、河套平原和鄂尔多斯高原等。

典型案例

十多年前，我国北方出现了当年最强的沙尘天气。当时，北京多地的PM10浓度破千。其实在北京出现沙尘暴的前一天，沙尘就已经在内蒙古西部一带展开，并随着西风向东移动，内蒙古的呼和浩特、乌兰察布，每立方米PM10的浓度达到或超过了2 500微克。之后，沙尘继续向东移动，在凌晨时分到达北京。

四个小时后，我国北方出现横跨西北到东北的沙尘区，多地局部地区最低能见度只有300米。齐齐哈尔、锡林浩特、张家口、大同、鄂尔多斯、金昌等地每立方米PM10浓度都超过1 000微克；北京空气质量爆表。之后，沙尘继续向南推进，天津、德州等地的空气质量立刻转差。

气象监测显示，这次沙尘天气覆盖范围广，对新疆、甘肃、宁夏、陕西、内蒙古、山西、河北、北京、天津、辽宁、吉林、黑龙江等十多个省（市、区）造成了影响，影响面积达163万平方千米。

卫星云图上黄沙带显著，显示了此次沙尘暴覆盖范围广、强度大，笼罩之处天空一片昏黄，能见度极低。沙尘暴过境时，北京城区每立方米PM10浓度突破2 000微克、PM2.5浓度623微克/立方米，空气质量为严重污染级别。漫漫黄沙中裹挟的病菌对身处其中的人们造成了严重的健康威胁，不仅引发了呼吸系统疾病，还散播了可能对人体有害的细菌和病毒，继而产生致命流行病。

这次大范围的沙尘天气从何而来？前期，沙源地气温偏高、降雨偏少，为起沙提供了有利条件；同时，前一天蒙古国和内蒙古的大风天气，引发了大范围沙尘天气。沙尘从蒙古国开始，逐渐向我国扩散。在整个扩散过程中，我国的沙源地也会起沙，在高空气流的作用下，对下游地区造成了较大的影响。

二、导致全球气候反常的厄尔尼诺

厄尔尼诺是太平洋上出现的一种反常的自然现象。

在南美洲西海岸、南太平洋东部，自南向北流动着一股著名的秘鲁寒流。南半球的夏季是每年的11月至次年3月，这时候南半球海域的水温会普遍升高，向东流动的赤道暖流也会得到加强。此时，全球的气压带和风带会向南移动，东北信风越过赤道受到南半球自转偏向力的作用，向左偏转形成西北季风。西北季风不仅会削弱秘鲁西海岸的离岸风——东南信风，使秘鲁寒流冷水上泛减弱甚至消失，还会吹着水温较高的赤道暖流一路南下，使秘鲁寒流的水温反常升高。这股悄悄而来的洋流就是"厄尔尼诺暖流"。

"厄尔尼诺暖流"让全球降水量比正常年份明显增多，在太平洋中东部及南美太平洋沿岸国家引发了更多的洪涝灾害；同时，印度、印度尼西亚、澳大利亚等地则会出现严重的干旱，影响多种农作物生长。

几个世纪以来，最严重的一次厄尔尼诺发生在1982—1983年，当时太平洋东部至中部水面温度比往年同期温度高出了4~5 ℃，造成上千人丧生，经济损失近百亿美元。

跟单纯的气温变化比较起来，厄尔尼诺会导致夏季风较弱，季风雨带偏南，使得北方地区夏季容易出现干旱、高温，南方地区易出现低温、洪涝。近百年来我国多地频发洪水，如1931年、1954年和1998年发生的长江中下游地区的洪水，都是紧跟着厄尔尼诺现象出现的。厄尔尼诺现象发生后的冬季，我国北方地区则容易出现暖冬。

2010年年底至2012年、2014年年底至2016年初发生的厄尔尼诺现象，致使太平洋东部至中部的海水温度比正常低了1~2 ℃。2015年1月后，随着赤道西太平洋次表层暖水的不断加强并东传，次表层异常暖水逐渐抬升到表层，让4月后的赤道中东太平洋表层暖水不断增强。

2014年6月，南美洲多国遭遇洪涝灾害，巴拉圭、阿根廷等国36万多人受灾，而水资源充沛的巴西都发生了自1930年以来最严重的旱灾。2014年冬季，美国中东部先后多次遭受大范围暴风雪袭击，部分地区的最低气温降到零下45 ℃，波士顿累计积雪达2.6米，突破了历史纪录；而在2014年夏季，澳大利亚持续高温，突破了历史最高值。2015年以来，南美洲的巴西南部、智利和阿根廷北部等地区都遭受了暴雨洪涝袭击。

2014年的厄尔尼诺现象对我国气候也产生了重要的影响。受厄尔尼诺现象持续发展的影响，我国夏季长江中游到江南西部、松花江流域都汛情较重；西南地区东部强降水引发了大面积山洪地质灾害；华北大部和西北地区东部发生了夏旱。

尤其是5月后，我国南方地区暴雨频繁，北方地区出现高温天气。南方地区一共出现了5次暴雨，累计降水量较常年同期多出50%以上，部分地区多达1~2倍。5月下旬，京津冀三地最高气温突破35 ℃。北京5月下旬平均气温较常年同期高出3.2 ℃。

专家认为，世界各地出现的极端天气现象都与厄尔尼诺有关。比如，阿联酋首都阿布扎比及其周边地区遭遇特大暴风雨袭击，沙漠之城立刻成为水乡，这在当地40年来极为罕见。同时，美国加州也遭受暴风雨袭击，而加州北部塔霍湖地区则出现了强降雪。在南美洲，阿根廷南部因暴雨导致的洪水将大量毒蛇冲上岸，一些旅游景点被迫关闭。非洲的埃塞俄比亚则出现了几十年来最严重的干旱，粮食产量下降了一半。

三、损失惨重的洪涝灾害

洪涝指的是因大雨、暴雨或持续降雨造成的低洼地区淹没、渍水等现象。洪涝会严重危害到农作物生长，致使作物减产或绝收，破坏农业生产，对其他产业的正常发展产生负面影响。其影响是多方面的，还会危及人的生命财产安全，影响到国家的长治久安等。

据记载，在中国历史上，最大的洪灾发生在1931年，那场特大洪灾滞留了足足3个月。那一年，我国的几条主要河流（长江、珠江、黄河、淮河）都发生过特大洪水，受灾范围南到珠江流域，北至长城关外，东起江苏北部，西至四川盆地。那次水灾是20世纪死亡人数最多的自然灾害，死亡人数为40万~400万。

1931年7月，长江流域降雨量超过常年同期1倍以上，致使江湖河水盈满；8月，金沙江、岷江、嘉陵江等地都发生了大洪水。川江洪水东下时，与中下游洪水相遇，造成了全江型洪水。沿江堤防多处溃决，洪灾遍及四川、湖北、湖南、江西、安徽、江苏、河南等省，中下游淹没农田5 000多万亩，淹死14.5万人。

我国幅员辽阔，多数国土面积都存着洪涝灾害，只不过种类和程度不同罢了。

2017年，我国很多地区发生强降雨，沿江、沿海等城市引发了大规模洪涝，水位高于地面100~500毫米，局部山区水深达到1~2米，给当地造成了巨大的经济损失。

2017年6月15日，福建东部、广东中部和西部沿海、雷州半岛、海南岛东部等大雨不断，广东西部沿海、雷州半岛、海南岛东部等部分地区出现了暴雨甚至大暴雨，降雨量达100~120毫米。

2017年7月，河北邢台大贤村段、宜兴市、江西乐平市浯口镇等一片汪洋，南昌、景德镇、萍乡、九江等8市34个县受灾，江西境内高速公路多处塌方，多趟列车停运，多家景区关闭。

四、威胁物种生存的江河断流

江河断流指的是大江大河的某些河段在某些时间内水源枯竭、河床干涸等现象。

河流是地球水循环重要的环节,如果一条河流经常发生断流,这条河流流经区域的生态环境必然会发生巨大变化,如荒漠化、盐碱化。由于生态环境的恶化以及水资源利用的不合理,导致很多河流的径流量减少甚至消失。

河流断流最为著名的是塔里木河。塔里木河是塔克拉玛干沙漠中的一条绿带,是一条会移动的河流,在沙漠中处于流动状态,经常变道。塔里木河水源主要来自高山冰雪融水,夏季径流量非常大,冬季则很小。自20世纪80年代以来,塔里木河流域就开始出现断流,最著名的事件当属罗布泊的消逝。

黄河是我们的母亲河,也出现了断流现象,让人唏嘘不已。黄河断流主要发生在下游河段,1997年断流时长达到220多天。

黑龙江是中国最北端的河流,20世纪80年代这里发生过严重旱灾。黑龙江之所以会断流,主要原因还在于冬季冰封、春季凌汛,夏季的断流则归结于人类的破坏。

淮河是中国七大河流之一,也是中国重要的地理分界线。淮河以南种水稻、以北种小麦,南北差异巨大。近年来,淮河地下水枯竭,连年断流,水资源遭受严重污染。

珠江是中国南端水系,发源于云贵高原,流经两广。广东经济的迅速发展,珠江发挥了重要作用,但也因此付出了巨大代价——水系遭受破坏,虽然断流时间不长,但是珠江的承受力已经接近极限。

随着污水排放量的与日俱增,地表水的日渐减少,主要河流的污染物浓度不仅超过了渔业用水水质标准,一些支流的中下游河段已经达到或超过鱼类致死浓度,很多河段的鱼类基本上已经绝迹。

断流使湿地水环境失衡,严重威胁着湿地保护区数千上万种水生生物及鸟类的生存和繁衍,不仅使得生物种群数量极具减少,结构趋向单一,还使得海洋生物的繁衍受到影响,多种鱼类不能洄游等。

第二节　生态环境遭到破坏

一、森林资源枯竭

森林是人类的摇篮，其与人生相生相伴。可是由于人类对森林的过度采伐，世界上的森林资源在快速减少。据联合国粮农组织的统计，全世界每年消失的森林达1 200万公顷，也就是说，平均每分钟就会消失二十多公顷的森林。

2015年9月7—11日，南非德班举行了第十四届世界林业大会，联合国粮农组织在会上发布的森林资源评估报告指出：过去25年，全球森林面积减少速度下降了一半。1990年世界森林共有41.28亿公顷，全球森林覆盖率为31.6%。但到了2015年森林面积变为39.99亿公顷，全球森林覆盖率减少为30.6%，相当于整个南非的国土面积。

在过去几年中，森林损失量排前十名的国家分别是巴西、印度、缅甸、尼日利亚、坦桑尼亚、巴拉圭、津巴布韦、刚果民主共和国、阿根廷、委内瑞拉。人类再不采取行动，未来20年间还会消失1.7亿公顷的森林面积，相当于德国、法国、西班牙和葡萄牙国土面积的总和。

世界森林锐减的地区多数都是发展中国家，主要原因有三：

原因一：发展中国家一般都比较贫困，人们用宝贵的森林资源换取外汇，如印度尼西亚、菲律宾、泰国等东南亚国家，木材是他们获取外汇收入的一大来源，为了挣钱，他们舍弃了森林资源。日本是世界上第六大木材消费国，但几乎不怎么砍伐自己的森林，而其森林覆盖率为70%左右，他们每年都会从东南亚进口约1亿吨的木材，因此东南亚地区的森林以每年几百万公顷的速度减少。

原因二：亚非拉等一些发展中国家的农村人口，用木柴作生活燃料，为了得到薪柴，就会年复一年地砍树，有些地区甚至连草皮都不放过。

原因三：毁林开荒。沿着长江三峡从重庆到湖北宜昌，沿岸的山几乎都是秃的。为何如此？因为人多地少，当地农民把坡度很陡的山坡都开垦为耕地。本来按规定，坡度超过25度就不能作为耕地了，必须退耕还林，但当地农民太多，只能在坡度很陡甚至50度以上的地方耕种。

我国的森林覆盖率约20%，低于世界多数国家，处于第139位。由于长期过量采伐，很多著名的林区森林资源都濒临枯竭，如长白山、大兴安岭、小兴安岭、西双版纳、海南岛、神农架等，过去都是著名的林区，如今森林资源都枯竭了，有些地方甚至已经变成了荒山秃岭。

森林资源的减少，不仅会加剧土壤侵蚀，引起水土流失，还会改变河流上游的生态环境，加剧河流的泥沙量，使河流河床抬高，增加洪水水患，如1998年长江流域的洪水就与上游的森林砍伐有着密切的联系。

二、草原面积锐减

草原是我国面积最大的陆地生态系统。我国拥有各类天然草原近4亿公顷，约占国土面积的41.7%。近年来，国家加大投入，实施了一系列草原生态治理和保护工程，但草原生态总体恶化的局面依然没有改善。草原生态退化问题严重，不仅直接影响到牧区的经济发展和生活水平的提高，还直接危及国家的生态安全。

草地生态系统在不断地演化过程中，结构特征、能量流动与物质循环等功能都逐渐恶化，既包括"草"的退化，也包括"地"的退化；不仅反映在构成草地生态系统的非生物因素上，也反映在生产者、消费者、分解者三个生物组成上。具体来说，草地退化就是天然草地在干旱、风沙、水蚀、盐碱、内涝、地下水位变化等不利因素的影响下，在过度放牧、割草、滥挖、滥割、樵采破坏等原因下，草原的草群组成和土壤性质逐渐恶化，产草量下降。草地生态环境恶化，牧草生物产量降低、品质下降，导致草地利用性能降低，甚至失去利用价值。

目前，我国的内蒙古牧区、新疆牧区、青海牧区和西藏牧区普遍面临草地退化的现状。草地退化的原因有很多，最主要的原因是人们长时间的不合理利用甚至掠夺式利用，使草原得不到相应的物质补充，违背了生态系统中能量与物质平衡的基本原理，导致草原生态系统紊乱或崩溃。

我国新疆、内蒙古等地的草原面积广阔，但频繁的人为活动，却给当地的生态系统带来了严重的危害。其主要表现在以下几个方面：

首先，过度放牧，草群变矮、变稀，牲畜能吃得牧草越来越少；有毒的或牲畜不喜采食的植物对当地畜牧业的冲击。此外，牲畜践踏使土壤变得紧实，透气透水能力降低，土壤性状恶化。

其次，草原上的草本植物受到大面积破坏，一方面，土壤的物理、化学、生物学性状发生变化，结果土壤贫瘠，草原植物不可能从土壤中吸取丰富的营养，从而使其矮化、生产力下降；另一方面，失去草原植被的保护，土壤持水、保水能力下降，风沙及沙尘暴等自然灾害。

再者，草地退化还引发了当地动物种群的变化。由于食物来源短缺，有些野生动物数量逐年减少甚至绝迹，而老鼠、蝗虫等有害动物却变得日益猖獗，使得原本退化的草群遭到更大的破坏，草原生态系统的生物多样性也因此降低。

草地退化是土地退化的一种类型，是土地荒漠化的一种主要表现形式。要想防治草地退化，基本途径和措施便是合理地开发草地地区的生物资源、土地资源、水资源，维持草畜平衡，保护草原生态环境。

三、海洋污染严重

海洋污染通常指的是人类改变了海洋的原本状态，使海洋生态系统遭到破坏。有害物质进入海洋，会损害生物资源，危害人类健康，妨碍捕鱼和人类在海上的活动，损坏海水质量和环境质量等。

海洋面积辽阔，储水量巨大，是地球上最稳定的生态系统。可是，随着世界工业的发展，海洋污染也日趋严重，局部海域环境发生了很大变化，还有继续扩展的趋势。

海洋污染突出的特点如下：

1.污染源广

不仅人类在海洋的活动可以污染海洋，人类在陆地和其他活动所产生的各种污染物，也会通过江河、大气扩散和雨雪等形式，最终汇入海洋。

2.持续性强

海洋是地球上地势最低的区域，不会像大气和江河那样，通过一次暴雨或一个汛期将污染物转移或消除；一旦污染物进入海洋，就很难再转移出去，不能溶解和不易分解的物质在海洋中越积越多，通过生物的浓缩作用和食物链传递，就会严重威胁人类的安全。

3.扩散范围广

全球海洋是一个相互连通的整体，一旦一个海域遭受污染，就会快速扩散到周边，有的甚至还会波及全球。

4.防治难、危害大

海洋污染需要经过一个长时间的积累过程，不容易及时发现。一旦形成污染，要想消除影响，需要花费巨大的治理费用。同时，危害会影响到各个方面，尤其是对人体产生的毒害，更无法彻底清除干净。

四、水土流失加剧

水土流失是指人类对土地的利用，特别是对水土资源不合理的开发和经营，使土壤的覆盖物遭受破坏，裸露的土壤受水力冲蚀，流失量大于新生成的土壤的量。

中国是世界上水土流失最严重的国家之一，其中黄土高原是水土流失的重灾区。高原上，植被稀少，沟壑纵横，流失的土壤进入黄河，河流中的泥沙剧增。几千年前的黄河，森林密布，气候湿润，继而诞生了最初的华夏文明。此后，一方面因为自然气候的变化，降水逐渐减少；另一方面，因为过度开发，森林等地表植被迅速消失，最终导致水土流失现象日益严重。过度的土地开发，导致了严重的水土流失现象；反过来，日益严重的水土流失现象又导致耕地或牧场的减少。过度开发不仅无法给人类带来更多的收益，反而造成更大的生态危机。

水土流失不仅会破坏地面完整，降低土壤肥力，还容易造成土地硬石化、沙化等现象。其不仅影响农业生产，威胁城镇安全，也会加剧干旱等自然灾害的发生，从而导致生产条件恶化，阻碍经济、社会的可持续发展。

我国水土流失总面积为41.9万平方千米，水土流失的分布地区如下：

1.东北黑土区

东北黑土区主要分布在黑龙江、吉林、辽宁三省和内蒙古自治区境内，粮食年产量约占全国的五分之一，是中国重要的玉米、粳稻等商品粮供应地。可是，东北黑土区在大面积开发垦殖过程中，发生了严重的水土流失问题，主要表现在：大面积坡耕地的黑土层流失和水土流失中形成的侵蚀沟，致使肥沃的关东黑土地变得又"薄"又"黄"。近年来，随着自然因素的制约和人为活动的破坏，东北黑土区水土流失日益严重，生态环境日趋恶化。如今，东北典型黑土区的水土流失面积为4.47万平方千米，约占典型黑土区总面积的26.3%。

2.长江上游及西南诸河区

长江上游及西南诸河区是指长江上游和我国境内的西南诸河，如雅鲁藏布江、怒江、澜沧江、元江和伊洛瓦底江。近年来，长江上游水土流失面积为43.83万平方千米，约占长江上游流域总面积的43.6%。在长江上游的9个省（区、市）中，四川的水土流失面积最大，重庆次之，其后依次为青海、云南、贵州、甘肃、西藏、湖北、陕西。西南诸河区域涉及云南、西藏、青海三省区，水土流失面积为88.58万平方千米，约占西南诸河区总面积的61.88%。其中，西藏水土流失面积最大，占西南诸河区水土流失总面积的90.87%。

3.西北风沙区

西北风沙区是我国自然条件最差的地区。这里风沙大,最大瞬间风速达每秒32米,每年要刮240次的"起沙风"。严重的风蚀、沙压现象,经常会毁害庄稼,需要重新补种;干旱少雨,蒸发量比降水量大2~3倍,春季则为5~6倍,春旱、秋吊更加频繁;成土过程微弱,土质瘠薄,沙土中"粘粒"含量多在5%左右,氮素奇缺。该区是中国水土流失最严重的地区,仅次于阿拉善—河西走廊、塔里木盆地西南缘等两大沙尘暴多发区,水蚀、风蚀、重力侵蚀、冻融侵蚀并存,分布广泛,流失量大,危害严重。

4.南方红壤区

南方红壤区是中国严重的水土流失区之一,水土流失面积为13.1万平方千米,占土地面积的15.1%,主要分布在赣南山地丘陵区、湘西山区、湘赣丘陵区、闽粤东部沿海山地丘陵区。目前,该区水土流失已经得到有效控制,但人为侵蚀有加剧的趋势。

5.北方土石山区

北方土石山区主要分布在松辽、海河、淮河、黄河四大流域的干流或支流发源地,水土流失以水蚀为主。这些地区土层薄,裸岩多,坡度陡,暴雨集中,地表径流量大,流速快,冲刷力和挟运力强,经常会暴发突发性"山洪"。

6.西南岩溶石漠化区

西南岩溶石漠化区位于贵州、云南、广西等省区。土层瘠薄,降雨强度大,坡耕地普遍,耕作层薄于30厘米的耕地占42%。有的地区土层甚至消失殆尽,石漠化面积达8.8万平方千米。

第三节 物种无法保全

一、物种为什么会减少

目前,世界上的生物物种正以前所未有的速度消失。调查显示,从100万年前到现在,平均每50年就会减少一种鸟类;最近的300年,平均每2年就减少1种鸟类;最近的100年,每年就会减少1种鸟类。哺乳动物的减少速度更快,在热带森林平均每天至少减少1个物种。

物种急剧减少的原因如下：

第一个原因：动物栖息地和植物生存环境遭到破坏，这是物种减少的主要原因，也是直接原因。人类活动不停地改变着生态环境，如城市建设、矿山开采、开垦荒地、修筑水坝等使野生生物失去了居住的家园，导致它们急剧减少。比如，朱鹮是一种稀有鸟类，本来生活在我国北方和日本、朝鲜半岛、东南亚等地。20世纪50年代，在我国陕西秦岭山区还有不少朱鹮，后来大片树林被砍，朱鹮失去了营巢繁殖的条件，数量锐减，几乎灭绝。80年代，科学家经过艰苦搜寻，终于找到了7只朱鹮。经过大力保护，如今也只有2 000多只。

第二个原因：热带森林的破坏，对物种的影响最大。热带森林虽然只占地球面积的6%，但全球50%~90%的物种都生活在这里。据估计，未来30年由森林砍伐引起的物种灭绝，会使世界物种的5%~15%消失。

第三个原因：过度开发或不适当地引进物种。渡渡鸟生活在印度洋的岛国毛里求斯，不会飞，通常都将卵产在地上。在16世纪，有人带着一些猪来到岛上生活，猪大量繁殖，吞食了渡渡鸟的卵。1681年，渡渡鸟便从地球上消失了。

第四个原因：人为的捕杀。生活在美国的美洲旅鸽，肉味道鲜美，遭到大量捕杀，当时仅密歇根州每年就要捕杀1亿只以上。1914年，最后1只美洲旅鸽死于动物园。栖息在纽芬兰到斯堪的纳维亚地带的大海雀，外形跟企鹅差不多，19世纪遭到渔民大批杀害，供人们食用。1844年，最后2只大海雀被收作标本，大海雀从此灭绝。

二、快速消失的物种

从地球诞生之日开始，地球上总共出现过约10亿个物种，如今只有10%被保留下来，即1 000万个物种；在漫长的生物进化过程中灭绝了的物种多达99%。在人类出现以前，地球上剩下的物种已经不多。随着火山爆发、地壳运动等自然灾变的出现，引发了生物物种的大量灭绝。人类出现后，大大改变了生物之间的生存竞争法则，生物物种灭绝的速度越来越快。

从1600—1800年间，鸟类和兽类物种灭绝25种；从1800—1950年，鸟类和兽类物种灭绝78种。曾生活在地球上的北美旅鸽、南非斑驴、澳洲袋狼、直隶猕猴、高鼻羚羊、中国犀牛、南极狼等物种已不复存在；苏门答腊虎、北部白犀牛、奥里诺科鳄鱼、小嘴狐猴等动物也濒临灭绝。

近二十年灭绝的物种有：

1.白鳍豚

白鳍豚俗称白鳍、白夹、江马，属鲸类淡水豚类，是我国特有珍稀水生哺乳动物，被人们称之为"水中熊猫"。白鳍豚是研究鲸类进化的珍贵"活化石"，对仿生学、生理学、动物学和军事科学等都有着重要的科学研究价值。从1996年起，白鳍豚被列入极度濒危物种名录，2007年白鳍豚被贴上了灭绝标签。

2.西非黑犀牛

西非黑犀牛又名西部黑犀牛，是黑犀牛中最珍稀的物种。过去，西非黑犀广泛分布在非洲中西部的大草原上，近年来数量急剧下降，已经被列入极度濒危物种名单。资料显示，这一珍稀物种的成年个体总数量不到50头，也可能已经彻底灭绝。最近在喀麦隆北部的一次调查行动中，没有发现野生西非黑犀牛的踪迹。

3.金蟾蜍

金蟾蜍又称环眼蟾蜍，是一种美洲蟾蜍，雄性个体全身呈金黄色，被称作金蟾蜍。过去，金蟾蜍大量存在于哥斯达黎加蒙特维多云雾森林中狭小的热带雨林地带。1987年，野外依然有正常数量的金蟾蜍繁殖生长。可是到了1988年，在其栖息地只找到两只雌性金蟾蜍和8只雄性金蟾蜍。1989年，只发现了1只雄性金蟾蜍，这也是金蟾蜍物种的最后记录。自1989年以后，就没有发现过这一物种。

4.夏威夷乌鸦

2002年最后2只夏威夷乌鸦消失，该物种就被列入灭绝物种目录。栖息地改变，狩猎者的射杀，天敌（包括老鼠和印度猫鼬）的威胁，禽疟和蚊子带来的病菌等，导致了威夷乌鸦的数量急剧减少。

5.塞舌尔蜗牛

塞舌尔蜗牛在塞舌尔群岛范围内已经灭绝。1972年后，该物种的分布范围大大缩小。从1994年开始，尽管仔细搜索过其分布区域，但依然没有找到纯种的塞舌尔蜗牛。

6.圣赫勒拿岛红杉

圣赫勒拿岛红杉是圣赫勒拿岛特有的树种，在野外现已灭绝。当移民登陆南大西洋岛屿后，发现圣赫勒拿岛红杉的木质优良，树皮可以用来鞣制皮革，结果大量采伐红杉。到1718年，该物种已极为罕见。到20世纪中叶，只有一棵圣赫勒拿岛红杉幸存，而这一棵树就是今天所有已知的栽培红杉的来源。

7.弯角大羚羊

弯角大羚羊曾经是北非一种常见的大型哺乳动物，为了获得其肉食、皮革和羊角，狩猎者进行肆意猎杀；再加上栖息地的丧失，导致该物种的数量大幅减少。目前，弯角大羚羊被列为野外灭绝物种。

8.斯皮克斯金刚鹦鹉

斯皮克斯金刚鹦鹉是极度濒危（可能灭绝）物种，在巴西巴伊亚州的部分地区能发现它的踪迹。尽管该物种的几个圈养种群依然存在于世，但野生个体最终在2000年年底消失。

9.伍德苏铁

伍德苏铁是世界上最稀有的植物之一，已被列为野外灭绝物种。迄今为止只在南非发现了一株伍德苏铁。此物种有着巨大的药用价值，当地人过度砍伐，加速了野生种群最后的消失。

三、动物栖息地遭到破坏

动物栖息地的缺失是导致动物灭绝的重要原因。

野生动物及其栖息环境是大自然赋予人类最宝贵的可持续资源，可是根据科学家们统计，对生态环境起到作用的30种大型食肉动物，17种已经不到之前的50%；75%的大型肉食动物数量都在下降，特别是狮子、老虎、野狗、狼、水獭和熊等。这些动物数量之所以会下降，最大的原因是因为栖息地遭到破坏。

我国幅员辽阔，自然环境复杂，拥有从寒温带到热带的各类森林、荒漠、湿地、草原和海洋生态系统，蕴藏着丰富的野生动物资源，是世界上生物多样性最丰富的国家之一。野生动物栖息地主要包括森林、湿地、荒漠、草原、海洋五大生态系统类型。我国的森林类型繁多，功能齐备，对全球环境和气候都有着重要影响。

我国湿地包括沼泽、泥炭地、湿草甸、潜水沼泽、高原咸水湖泊、盐沼和海岸滩涂等类型，涵盖了世界上39个湿地类型，其中青藏高原的高寒湿地是世界独有；我国的天然湿地总面积为2 600多万公顷，内陆和海岸湿地生态系统的面积是亚洲之最。这些地方不仅是许多濒危野生动植物的栖息地，还是迁徙鸟类，包括许多全球性受威胁物种的重要停歇地和繁殖地。

可是，由于近几十年来人口的快速增长及经济的高速发展，导致天然林面积逐渐缩小，栖息地破碎化日趋严重，乱砍滥伐现象时有发生，侵占林地的现象比较普遍。再加上，人工林林种单一，虽然部分地区森林覆盖率较高，但生物多样性依然没有得到很好的保护。天然湿地被严重侵占，围湖垦田、填海造地，海岸红树林破坏严重，捕捞手段泛滥，化肥农药使用过量，大江大河断流现象严重……虽然划定了大批自然保护区，但除了国家级自然保护区，大部分保护区由于林地权属不清，经费、人员不足等原因，无法正常开展工作，野生动植物栖息地很难得到有效地保护。

2015年2月，全国第四次大熊猫调查结果结果显示，我国大熊猫野生种群数量稳定增长，截至2013年年底，全国野生大熊猫种群数量达1 864只。大熊猫野生种群数量稳定增长确实令人高兴，但是它的栖息地正在遭受干扰。

野生动物栖息地破碎化是野生动植物面临的最大威胁。全国野生动植物资源调查显示，我国87.7%的野生动物种群因栖息地缩减、割裂、质量下降、人为活动干扰等原因，生存空间受到挤压，成为"生态孤岛"。物种在被分割、互不相连的保护区内，形成一个个孤立的小种群，迁移、扩散都受到制约。

除了栖息地破碎化外，乱采滥挖、林地流失严重、森林大面积消失等都对野生动物的生存造成了影响。全国每年发生破坏森林案件20多万起，其中发生破坏野生动物案件近10万起；20世纪末，因围垦消失的天然湖泊近1 000个，湿地不断退化。

此外，环境污染对生物多样性有着巨大的破坏作用。二氧化硫污染使地衣从许多城市和近郊森林中减少或消失；酸雨和酸沉降使湖泊、水库等水体和土壤酸化，危害农作物、鱼类和无脊椎动物的生存；农药的污染对小型食肉动物、鸟类、两栖动物等造成了巨大危害。

四、利益驱动下的牺牲品

为了犀牛的角、鲨鱼的鳍、大象的牙、老虎的皮……在利益的驱动下，偷猎者端起了手中的猎枪，残忍地伤害野生动物，很多动物的数量急剧下降，甚至濒临灭绝。偷猎者在非洲和亚洲猎得野生动物后，会将它们贩卖到世界各地，牟取利益。

1.猩猩

在亚洲和非洲，越来越多的猩猩，尤其是婴儿黑猩猩、大猩猩和红毛猩猩成为偷盗的对象，它们被带入消费市场。在阿联酋、科威特和卡塔尔等地区，有些人之所以要购买野生动物，只是想在自家花园内养几只婴儿黑猩猩或大猩猩来彰显自己的地位。动物成长很快，没有人愿意让1只成年的体格庞大的大猩猩生活在家里，最后长大的猩猩就会被处理掉。在多哥、贝宁、布基纳法索等地区，早已没有了野生黑猩猩的踪迹。数据显示，仅在2013年就有超过3 000只活猿被偷猎者盗走，也就意味着有成千上万的猿在偷猎过程中死去，而猩猩在被偷盗的猿类中占70%。

2.大象

为了彰显肯尼亚根绝象牙贸易、保护大象的决心，2016年4月30日在肯尼亚内罗毕国家公园，肯尼亚总统乌胡鲁·肯雅塔点火焚毁了被分成11堆的105吨象牙，黑市估价超过1亿美元。这批象牙来自约8 000头大象，既有从盗猎者和象牙走私者手中没收的赃物，也有自然死亡大象留下的象牙。非洲象正在遭到"大屠杀"，必须禁止一切象牙买卖，否则非洲象很快就会灭绝。

3.犀牛

犀牛是陆地上体型第二大的动物，脚短，身体粗壮，体肥笨拙，皮厚粗糙，头部有实心的独角或双角。可是就是因为额头上的这根角，让犀牛遭遇了灭顶之灾。

因人们过度迷信其药用价值，故国际市场对犀牛角需求旺盛，其黑市价格比黄金还高。很多偷猎者都去非法捕杀犀牛，卖掉它们的角来赚大钱。在东亚，犀牛角被做成药材；在西亚，犀牛角被看作社会地位的象征，很多富人都会堂而皇之地将犀牛角放在办公室中。

为了追求财富，偷猎者不惜成群结队、全副武装、铤而走险。有关数据显示，2016年南非保护区内大概拥有20 000头犀牛，其中1 600头死在了偷猎者的枪下。它们被发现时，大多已经死亡多时，额头部位的伤口已经腐烂发臭。

犀牛角被偷猎者切割掉后，若不经救治，即使犀牛不会立刻死去，在24小时内它们也会死亡。

2016年南非共有一千多头犀牛被杀，随着猎杀犀牛的增多，犀牛种群越来越小，越来越远离人类。当今世界上的犀牛，除白犀牛外，几乎都濒临灭绝。

第四节　枯竭的地球资源

一、地球资源的过度开采

地球花了46亿年的时间为我们孕育矿产资源，我们只用了百年的时间就差不多将其开采殆尽。2012年年底，中国煤炭学会透露出这样的信息：煤矿损毁的土地面积每年还在以7万公顷的速度飙升。

矿产资源是地球上重要的不可再生资源，而随着人类对矿产资源的巨大需求和盲目超强度的开采消耗，矿产资源将会逐渐耗竭。在工业时代，人类社会的生产力、人口数量、生活范围和规模等已是今非昔比，在"人定胜天"的理念下，人类不仅对环境进行了改造，对环境的破坏也日益加剧。

合理的开采是我们必须遵守的法则,但呈现在我们面前的却是一幅幅过度开采的凄凉画面。中国是世界上稀土储量最大的国家,然而经过30多年无休止的乱采滥用,稀土的储量已经下降到世界总储量的20%~30%。在稀土拉动GDP(国内生产总值)的同时,美国封闭了境内最大的稀土矿,随后加拿大、澳大利亚等国也纷纷关闭稀土矿,日本更是大量从中国进口稀土。日本为了耗空中国,除了进口堆积外,还将进口的稀土出售给第三方,成了世界上的稀土出口大国。中国稀土以目前的速度开采下去,20年内多半都会被耗光。

我国矿产资源大开发的一系列负面影响早已显现:从近期看,矿产资源浪费,矿山开发秩序混乱,矿山安全生产形势严峻,矿山生态环境污染严重;从长远看,寅吃卯粮,"吃子孙饭、断子孙路",国家难以持续发展。

1. 草原天坑的秘密

对于草原的样子,在人们的脑海中,一般都是"天苍苍,野茫茫,风吹草低见牛羊"诗句中描绘的场景,可是现实如何呢?

2012年,呼伦贝尔草原上出现了许多奇怪的小凸起,密布在平整的大地上。真正走入这片绿色时,就会震惊地发现,这些小小的凸起居然是一个个大小不等的塌陷坑与塌陷沟。一个个丑陋的"天坑",便是大地创伤的无言证明。

20世纪90年代后期,小煤窑数量急剧膨胀,人们将注意力集中在内蒙古呼伦贝尔宝日希勒镇以北约两公里处的矿区。这里聚集着数百家小煤窑,煤炭被采空,地表土层向下沉降,形成大面积的塌陷沟、塌陷坑、水蚀沟,出现了大面积的塌陷区。由于生产条件落后,回采率极低,矿主乱采滥挖,采易弃难,好端端的平地被挖得坑坑洼洼。整顿后,虽然撤走了小煤窑,但草原上却出现了上千个沉陷坑。在卫星地图上,该区域看起来更像是布满陨石坑的月球表面。

2. 山西1/8面积"悬空"

距大同市不远,有一个同家梁村。与草长莺飞的塞外风光印象形成巨大反差的是,这里的道路破败肮脏,村庄如同遭受了一场"地毯式大轰炸"。昔日颇具晋北风情的农家小院,因"地陷"变成了断壁残垣,到处都是瓦砾废墟,房屋歪斜,大门已被砖头和石块砌死。更令人揪心的是,一些尚有人居住的农家院,地面、墙面到处开裂,主人在这里生活的提心吊胆。村里人口稠密处的地下,就是煤炭主采区。

大同市南郊区有5个西部山区乡镇,很多"沉陷户"过去每月都能收入1 000多元,村集体还会为60岁以上的老人发福利,入冬每家每户还要发2吨取暖煤。如今,随着煤矿资源枯竭或煤矿关闭、地面沉陷，许多房子都废了，收入没了，连取暖煤也没了。

如今，山西因采煤形成的采空区达到2万平方千米，相当于山西总面积的1/8，仅2010年因矿山开发导致的地面塌陷及采矿场破坏土地就达20.6万亩，300万人受灾。

矿山开采对耕地的破坏集中发生在煤炭行业的黄金十年。如今，随着煤价的下跌及经济结构调整，煤炭"失宠"已是必然。

二、稀有资源的枯竭

科学家进行了地球资源"大盘点"，结果发现许多不可再生的稀有金属资源只能被使用十来年，如白金。为了使汽车的污染保持在可接受水平，在汽车催化剂中通常要使用白金。可是随着时间的流逝，白金会通过排气管不断排出，每年有数以吨计的白金散布在大小街道上。除催化剂外，汽车燃料电池中也会使用到白金。与石油和钻石不同的是，目前还没有找到合成白金的方法。

大部分贵重金属的全球消费量都没有确切的统计数字，矿业企业对铟和镓等贵重金属的现状持保密态度。德国奥格斯堡大学教授阿明·雷勒尔领导的研究小组指出，全球现有的铟最多还能用10年。紧缺程度通过价格反映出来：2003年1公斤铟的售价在60美元左右，2006年达到1 000美元。

欧洲地质学家根据使用的材料计算新技术的成本，并一致认为：日益增多的人口及生活水平的不断提高，对资源的需求达到了史无前例的水平。更有甚者，原材料不足还可能限制某些技术的发展。例如，镓被用来生产太阳能电池中的半导体材料，而现有的储量不足以满足未来需要。

还有更惊人的统计数字：如果不加大回收力度，绝缘材料中的锑将在15年内用尽，银10年用尽，铟5年用尽。

三、危险的工业"三废"

工业污染是指工业生产过程中形成的废气、废水和固体排放物对环境的污染，这种污染主要是由生产中的"三废"（工业废水、废气、废渣）等造成的。

1.工业废水

工业废水种类有很多，成分也非常复杂，其造成的污染主要有：有机需氧物质污染、化学毒物污染、无机固体悬浮物污染、重金属污染、酸污染、碱污染、植物营养物质污染、热污染、病原体污染等。许多污染物都有颜色、臭味或易生泡沫，外观令人厌恶，容易造成水体大面积污染，直接威胁人民的生命和健康，因此控制工业废水尤为重要。

工业废水主要有下列来源：

（1）采矿及选矿废水。各种金属矿、非金属矿、煤矿开采过程中产生的矿坑废水，都含有各种矿物质悬浮物和金属溶解离子。如硫化矿床的矿水中含有硫酸及酸性矿水，有较大的污染性。选矿或洗煤的废水，不仅含有大量的悬浮矿物粉末或金属离子外，还含有各类浮选剂。

（2）金属冶炼废水。炼铁、炼钢、轧钢等过程的冷却水及冲浇铸件的水，污染性一般都不大；洗涤水才是污染物质最多的废水，如除尘、净化烟气的废水都含大量的悬浮物，必须经过沉淀，才能循环利用；酸性废水及含重金属离子的水，都有污染。

（3）炼焦煤气废水。焦化厂、城市煤气厂等在炼焦与生产煤气发生过程中会产生严重污染的废水，含有大量的酚、氨、硫化物、氰化物、焦油等杂质，会产生多种污染效应。

（4）机械加工废水。械加工各种金属制品所排出的废液和冲洗废水，不仅含有润滑油、树脂等杂质，还含有各种金属离子，如铬、锌以及氰化物等，他们都是剧毒性的。电镀废水，不仅涉及面广，污染性也很大，是重点控制的工业废水之一。

（5）石油工业废水。主要包括石油开采废水、炼油废水和石油化工废水三种。

1）油田开采出的原油，在脱水处理过程中会排出含油废水。这种废水含有大量的溶解盐类，其具体成分与含油地层的地质条件有关。

2）炼油厂排出的废水，主要是含油废水、含硫废水和含碱废水。其中，数量最多的是含油废水，主要含石油，同时含有一定量的酚、丙酮、芳烃等。含硫废水非常臭，对设备具有一定的腐蚀性。含碱废水主要含氢氧化钠，夹带大量的油、酚和硫，pH值可以达到11~14。

石油化工废水成分复杂，裂解过程中的废水基本上与炼油废水相同，不仅含有油，还可能含有某些中间产物混入，有时还含有氰化物。由于产品种类多，工艺过程各不相同，废水成分也非常复杂，总的特点是悬浮物少、溶解性或乳浊性有机物多、含有油分和有毒物质，有时还含有硫化物和酚等杂质。

（6）化工废水。化学工业包括有机化工和无机化工两大类，化工产品多种多样，成分复杂，排出的废水也种类不同。多数含有剧毒，不易净化，容易积累在生物体内；在水体中具有明显的耗氧性质，容易使水质恶化。

1）无机化工废水，包括从无机矿物制取酸、碱、盐等类基本化工原料的工业，这类生产中主要是冷却用水，排出的废水中含有酸、碱、大量的盐类和悬浮物，有时还含硫化物和有毒物质。

2）有机化工废水，包括合成橡胶、合成塑料、人造纤维、合成染料、油漆涂料、制药等过程中排放的废水，耗氧性强，毒性较强，污染性强，不易分解。

（7）造纸废水。造纸工业使用木材、稻草、芦苇、破布等为原料，经过高温高压蒸煮而分离出纤维素，制成纸浆。在生产过程中，最后排出原料中的非纤维素部分，容易成为造纸黑液。黑液中含有木质素、纤维素、挥发性有机酸等，味道很臭，污染性很强。

（8）纺织印染废水。纺织印染废水主要是原料蒸煮、漂洗、漂白、上浆等过程中产生的废水，含有天然杂质、脂肪和淀粉等有机物。印染废水来自洗染、印花、上浆等多道工序，不仅含有大量的染料、淀粉、纤维素、木质素、洗涤剂等有机物，还含有碱、硫化物、各类盐类等无机物，有着极强的污染性。

（9）皮毛加工及制革废水。在皮毛和皮革的清整等加工过程中，浸泡、脱毛、清理等预备工序会排出大量废水，富含丹宁酸和铬盐，有很高的耗氧性，是污染性很强的工业废水之一。

（10）食品工业废水。食品工业的内容极其复杂，包括制糖、酿造、肉类、乳品加工等生产过程，排出的废水含有机物，具有较强的耗氧性，大量悬浮物会随废水排出。动物性食品加工排出的废水中还含有动物排泄物、血液、皮毛、油脂等，可能含有病菌，耗氧量很高，污染性要比植物性食品加工排放的废水高。

2.工业废气

工业废气是指企业厂区内燃料燃烧和生产工艺过程中产生的各种排入空气的含有污染物的气体。这些废气有：二氧化碳、二硫化碳、硫化氢、氟化物、氮氧化物、氯、氯化氢、一氧化碳、硫酸（雾）铅汞、铍化物、烟尘及生产性粉尘，排入大气，会对空气造成污染。这些物质会通过不同的途径进入人体，或直接产生危害，或蓄积起来，严重危害人类健康。

（1）对人体健康的危害。世界卫生组织称，2012年空气污染造成约700万人死亡。大气污染物对人体的危害是多方面的，主要表现在呼吸道疾病与生理机能障碍、眼鼻等黏膜组织受到刺激而患病。

（2）对植物的危害。大气污染物，尤其是二氧化硫、氟化物等对植物的危害非常严重。当污染物浓度很高时，会对植物产生急性危害，使植物叶表面产生伤斑，或直接使叶枯萎脱落；当污染物浓度不高时，会对植物产生慢性危害，使植物叶片褪绿，或表面上似乎没什么危害，但生理机能已经受到影响，植物产量下降，品质变坏。

（3）对天气和气候的影响。大气污染物对天气和气候的影响也非常显著，具体情况，可以从以下几方面加以说明：

①减少到达地面的太阳辐射量。从工厂、发电站、汽车、家庭取暖设备向大气中排放的大量烟尘微粒，会污浊空气，遮挡阳光，减少到达地面的太阳辐射量。据观测统计，在大工业城市烟雾不散的日子里，太阳光直接照射到地面的量会比没有烟雾的日子减少近40%。大气污染严重的城市，人和动植物会因缺乏阳光而影响生长发育。

②增加大气降水量。从大工业城市排出来的微粒，很多都具有水气凝结核的作用，一旦大气中有其他降水条件与之配合，就会出现降水天气。在大工业城市的下风地区，降水量尤其多。

③下酸雨。酸雨是大气中的二氧化硫经过氧化形成硫酸，随自然界的降水下落形成。硫酸雨能毁坏大片森林和农作物，能使纸品、纺织品、皮革制品等腐蚀破碎，能使金属的防锈涂料变质而降低保护作用，还会腐蚀、污染建筑物。

④提高大气温度。工业城市大量废气排放到空中，近地面空气的温度要比四周郊区高一些。这种现象在气象学中称作"热岛效应"。

3.工业废渣

工业废渣是指在工业生产中，排放出的有毒的、易燃的、有腐蚀性的、传染疾病的、有化学反应性的其他有害的固体废弃物。

固体废弃物长期堆存，不仅会占用大量土地，还会严重污染水系和大气。有害的固体废弃物经过雨雪淋溶，可溶成分还会随着水从地表向下渗透，向土壤迁移转化，使附近土质酸化、碱化、硬化，甚至发生重金属型污染。

数据显示，在有色金属冶炼厂附近的土壤里，铅含量为正常土壤中含量的10~40倍，铜含量为5~200倍，锌含量为5~50倍。这些有毒物质，一方面会通过土壤进入水体，另一方面会在土壤中积累而被作物吸收。工业废渣与城市垃圾在雨水、雪水的作用下，流入江河湖海，会严重污染与破坏水体；将工业废渣或垃圾直接倒入河流、湖泊或沿海海域，还会造成更大地污染。

世界上原子反应堆的废渣、核爆炸产生的散落物及向深海投弃的放射性废物，已经严重污染了海洋，海洋生物资源遭到极大地破坏。

在工业废渣与垃圾缩放过程中，在温度、水分的共同作用下，某些有机物质会发生分解，继而产生有害气体，腐败的垃圾废物就会散发出腥臭味，污染空气。如堆积如山的煤矸石发生自燃，火势一旦蔓延，就无法救护，放出大量的二氧化硫气体，会污染环境；焚烧固体废物时排出的烟尘和有害气体，也会污染大气。

第五节　恶化的居住环境

一、大气污染

1.大气污染的来源

大气污染物的来源，主要有以下几个：

（1）工业。工业生产是大气污染的一个重要来源。工业生产排放到大气中的污染物有很多种类，如烟尘、硫的氧化物、氮的氧化物、有机化合物、卤化物、碳化合物等。这里，有的是烟尘，有的是气体。

（2）生活炉灶与采暖锅炉。城市中的民用生活炉灶和采暖锅炉会消耗大量煤炭，煤炭在燃烧过程中要释放出大量的灰尘、二氧化硫、一氧化碳等有害物质，污染大气。尤其冬季采暖时，污染地区更会烟雾弥漫，很容易引起呼吸道疾病。

（3）交通运输。汽车、火车、飞机、轮船是当代的主要运输工具，它们的动力主要来自煤或石油，会产生大量的废气。特别是城市中的汽车，不仅数量多，而且集中。尾气排放的污染物能直接侵袭人的呼吸器官，还会对城市的空气造成严重污染。汽车排放的废气主要有一氧化碳、二氧化硫、氮氧化物和碳氢化合物等，前三种废气危害性很大。

（4）森林火灾产生的烟雾。一旦发生森林火灾，就会产生大量的烟雾，弥漫在空中，会造成大面积的污染。

2.大气污染的危害

大气污染的危害主要有以下两个方面：

（1）危害人体。大气污染物对人体的危害是多方面的，主要表现在呼吸道疾病与生理机能障碍及眼鼻等黏膜组织受到刺激而患病。大气中污染物的浓度很高时，会造成急性污染中毒，或使病状恶化，严重者还会在几天内就能夺去人的生命。其实，即使大气中污染物浓度不高，但成年累月呼吸了污染的空气，也会引起慢性支气管炎、支气管哮喘、肺气肿和肺癌等疾病。国家卫生计生委最新发布的我国城市居民死亡原因排序中,恶性肿瘤死亡排在第一,其中肺癌又居其首位。

(2)危害植物。大气污染物是通过气孔、角质层裂缝、皮孔或根部等途径进入植物体的。如果污染物进入的速度超过了细胞本身的解毒能力,植物组织就会受到伤害。一般分为急性和慢性两种伤害。

急性伤害是指植物在较高浓度的有害气体作用下,经几小时、几十分钟或更短时间发生的叶组织坏死等伤害。慢性伤害则指污染物在大气中的含量较低,经长时间作用后才显示出来的伤害。这两种伤害从症状上有时可以区分,有时也不易区分,但受伤害后最普遍的变化是细胞质壁分离,结构受到破坏,细胞内含物形成颗粒并出现异常的颜色。一般在组织结构受到伤害之前,代谢上早已受到了严重的影响。

二、水域污染

水域污染是指各种物理、化学或生物因子进入水体,超过水体自净能力,引起水域生态系统结构与功能朝着不利于人类所期望的方向改变。

中国是一个严重缺水的国家,海河、辽河、淮河、黄河、松花江、长江和珠江7大江河水系,都受到了不同程度的污染。万里海疆形势也不容乐观,如赤潮每年都会如期而至;在美丽的渤海湾,海面上漂浮着众多油污。

1.水域污染的种类

依据不同类型发生的概率大小,可以将水域污染分为突然排污、累积污染、污染泄漏和管道事故四种。

(1)突然排污。突然排污通常来自污染物集中排放,比如2011年5月南京市秦淮河死鱼事件。暴雨将沿岸管道和沟渠内沉积物冲刷入河,水体在短时间内急剧缺氧,导致大面积鱼儿死亡。

突然排污事件不可预见,没有一定的规律可循。但是最近几年此类污染事件频繁发生,突发性强、历时短,会带来的较大影响。因此处理这类事件时,要遵循快速、有效的原则。同时,应加强建设排污、治污工程,提高应对此类事件的处理能力,加强部门之间的沟通,建立应急监测机制。

(2)累积污染。污染累积造成的水体污染,比如2014年2月济南市护城河水"变蓝"事件。某酒店将生活污水直接排入护城河,使得水体遭受突然污染,变为蓝色。此事一经发现,环保部门立即向该酒店发出警告,责令该酒店停止排放污水,并且将污水抽送至污水管道。

累积污染事件在短时间内影响不大，一旦爆发，就会产生很大的影响，无法治理。

针对此类污染事件，应加大监测力度，控制污染源，加大对排污企业的监管，将累积污染扼杀在摇篮中；同时，一经发现此类污染，就要立即采取应对措施，对污染源进行追踪和控制。

（3）污染泄漏。污染泄漏造成的水体污染，比如2011年3月发生的江苏省江阴市长江水污染事件。一艘化工船在装卸货物时，苯乙烯发生泄漏，长江水体遭受严重污染。环保部门及时采取应对措施，对无锡锡澄水厂取水口及江面表层水样采样分析，并对苏南码头江面表层水样采样分析。同时，为了确保取水口安全，两大供水厂停止供水，直至环保部门认定水质符合饮用标准，水厂才恢复供水。

（4）管道污染。管道污染通常是管道破裂、故障等导致水体受到污染，比如2014年4月兰州市发生的自来水苯超标事件。兰州威立雅水务集团公司检测出厂水质时，发现水中苯含量严重超出国家标准。水质不合格的直接原因是石化管道泄漏，油污主要来源于兰州石化1987年和2002年的2次爆炸事故，渣油泄漏渗入地下，污染了地下水源。管道安全事故的发生原因大多是没有定期进行检查、维修，发现故障没有及时处理等。为了降低此类事故的发生率，监管部门应加强管理力度，对重要地段的管线进行不定期检查、维修，加强维修和监管人员的责任意识，制定相应的法律法规。

2. 水域污染的危害

联合国水资源世界评估报告显示，全世界每天有数百万吨垃圾倒进河流、湖泊和小溪，每升废水会污染8升淡水；所有流经亚洲城市的河流均被污染；美国40%的水资源流域被加工食品废料、金属、肥料和杀虫剂污染；欧洲55条河流中仅有5条水质勉强能用。

据有关报道，发展中国家中估计有半数人不是由于饮用被污染的水或食物直接受感染，就是由于带菌生物（带病媒）如水中孳生的蚊子间接感染，而罹患与水和食品关联的疾病。这些疾病中最普遍且对人类健康状况造成影响最大的疾病是腹泻病、疟疾、血吸虫病、登革热、肠内寄生虫感染和河盲病（盘尾丝虫病）。

联合国教科文组织发布的数据显示，大约80%的类疾病是由质量低劣的饮用水造成的，全球每6人中有1人在生活中无法稳定获得干净的水源。

世界卫生组织估计，仅饮用不安全的水及缺乏卫生用水而得的疾病，每年死亡的总人数在500万人以上。

由于在水资源保护方面投入不足，印度每天有200多万吨工业废水直接排入河流、湖泊和地下，造成地下水大面积污染，所含各项化学物质指标严重超标。其中，铅含量比废水处理较好的工业化国家高20倍。此外，未经处理的生活污水的直接排放也加剧了水污染程度。流经印度北方的主要河流——恒河，已经被列入世界污染最严重的河流之列。当地居民饮用和在烹饪时使用受污染的地下水，已经引发了许多问题，例如腹泻、肝炎、伤寒和霍乱等。在印度首都新德里，有些家庭都给自来水设施安装了净水器。由于地下水污染严重，目前在印度市场上销售的12种软饮料，有害残留物含量超标，有些软饮料中杀虫剂残留物含量超过欧洲标准的10~70倍。

三、噪声污染

如今，多数人已经对每天听到的声音习以为常，比如大声播放的音乐和电视、打电话声、汽车噪声、午夜的宠物吠声等，这些都已经成为城市文化的一部分。可是如果电视声让你整夜失眠，交通噪声导致你头痛，就不仅仅是噪声这么简单了，而是转变成噪声污染。

对许多人来说，污染的概念仅限于自然和环境，其实噪声也能扰乱生命的自然节律，也是污染的一种。随着近代工业的发展，噪声污染也成了环境污染的一种，已经成为人类的一大危害。噪声污染与水污染、大气污染、固体废弃物污染被看成是世界范围内四个主要环境问题。

判断一个声音是否属于噪声，仅从物理学角度判断远远不够，主观因素往往起着决定性作用。例如，美妙的音乐对正在欣赏音乐的人来说是乐音，但对于正在学习、休息或思考问题的人来说，可能就是一种噪声。即使同一种声音，当人处于不同状态、不同心情时，也会产生不同的主观判断，声音也可能成为噪声或乐音。因此，从生理学观点来看，凡是干扰人们休息、学习和工作的声音都是噪声。当噪声对人及周围环境造成不良影响时，就形成了噪声污染。

1. 噪声污染的原因

噪声污染的原因主要有以下几个方面：

（1）工业化。多数行业都要使用会产生大量噪声的大型机械设备。此外，压缩机、发电机、排气扇和研磨机也会制造大噪声。

（2）城市规划不良。在大多数发展中国家，城市规划不好是噪声污染的主要原因之一。拥挤的房屋，大家庭共享小空间等，都会导致噪声污染，破坏社会环境和谐。

（3）社会事件。无论是结婚、聚会、酒馆还是音乐会，很多人都会不顾规则，产生令人讨厌的噪声。比如，临近小区跳广场舞，会让周围居住者的生活变得更糟；商贩为吸引顾客，会发出大量噪声。

（4）交通。道路上奔跑的机动车，空中飞过的飞机，地下快速飞奔的地铁，都会产生大量的噪声，让人难以适应。这些高噪声会影响正常人的听力。

（5）建筑活动。随着城市建设的发展，构建桥梁、房子、道路和立交桥等活动随处可见。虽然能让人生活得更方便，但缺陷是建筑活动的噪声很大。

（6）家务劳动。日常生活中要使用许多设备，比如电视、电脑、压榨机、空调、吸尘器、洗衣机等，这些设备都会产生影响生活质量的噪声。

2.噪声污染的影响

噪声污染的影响主要有以下几个方面：

（1）伤害听力。耳朵能承受一定范围的声音，超出限度就会造成伤害。比如电钻、高音喇叭、机器和飞机，甚至机动车制造的噪声，都已经超出了我们的听力范围。持续暴露于高噪声之中，容易导致鼓膜损伤和听力丧失，还会降低耳朵感知声音的敏感度。

（2）损害健康。办公室、建筑物和汽车等噪声污染过度，还会影响心理健康。研究发现，睡眠不好、持续压力、疲劳和高血压与噪声水平过高存在一定的联系；反过来，也会造成更严重的慢性健康问题。

（3）睡眠障碍。噪声会妨碍睡眠，可能导致易怒和不舒服。晚上睡不好觉，会因为疲劳而影响工作和生活。

（4）干扰正常血流。研究发现，高强度噪声会导致血压升高和心跳加快，并因此而干扰正常血流。

（5）沟通困难。高分贝噪声还会让人无法自由沟通，甚至因为听不清楚讲话而造成误解；持续尖锐的噪声还会诱发严重头痛，并干扰情绪平衡。

四、土壤污染

土壤污染是指进入土壤中的有害、有毒物质超过土壤的自净能力，导致土壤的物理、化学和生物学性质发生改变，降低农作物的产量和质量，并危害人体健康的现象。凡是妨碍土壤正常功能，降低作物产量和质量，通过粮食、蔬菜、水果等间接影响人体健康的物质都叫作土壤污染物。

1.土壤污染的特点

（1）隐蔽性和滞后性。大气污染、水污染和废弃物污染等问题一般都比较直观，通过感官就能发现。而土壤污染则不同，它往往要通过对土壤样品进行分析化验和农作物的残留检测才能被发现。因此，土壤污染从产生污染到出现问题，都要经过较长的时间，比如日本的"痛痛病"经过10~20年才被人们所认识。

（2）累积性。污染物质在大气和水体中，一般都比在土壤中更容易迁移。因此，污染物质在土壤中并不像在大气和水体中那样容易扩散和稀释，从而在土壤中不断积累并超标，同时使土壤污染具有很强的地域性。

（3）不可逆转性。重金属对土壤的污染要经历一个不可逆转的过程，许多有机化学物质的污染也需要经过较长时间才能降解。比如被某些重金属污染的土壤可能要100~200年时间才能恢复。

（4）难治理。一旦大气和水体受到污染，切断污染源之后通过稀释作用和自净化作用，也可能使污染问题得到逆转。但是，积累在污染土壤中的难降解污染物，则很难靠稀释作用和自净化作用来消除。一旦发生突然污染，仅依靠切断污染源的方法往往很难恢复，有时还需要通过换土、淋洗土壤等方法才能解决。治理污染土壤通常成本较高、治理周期较长，故土壤污染问题一般都不太容易受到重视。

（5）辐射污染。大量的辐射污染了土地，使被污染的土地含有了一种毒质。这种毒质会使植物生长不了，停止生长。

（6）焚烧树叶。树叶中含有一种有毒物质，一般情况下是不会散发出来的。但一遇火，就会蒸发出毒物。人一呼吸，就会中毒。

2.土壤污染的污染物类别

土壤污染物可以分为三类：

（1）病原体，如肠道致病菌、肠道寄生虫（蠕虫卵）、钩端螺旋体、炭疽杆菌、破伤风杆菌、肉毒杆菌、霉菌和病毒等，主要来自人畜粪便、垃圾、生活污水和医院污水等。用未经无害化处理的人畜粪便、垃圾做肥料，或直接用生活污水灌溉农田，都会使土壤受到病原体的污染。这些病原体能在土壤中生存较长时间，如痢疾杆菌能在土壤中生存22~142天，结核杆菌能生存一年左右，蛔虫卵能生存315~420天，沙门氏菌能生存35~70天。

（2）有毒化学物质，如镉、铅等重金属以及有机氯农药等。它们主要来自工业生产排放的废水、废气、废渣，以及农业大量施用的农药和化肥。

（3）放射性物质，主要来自核爆炸的大气散落物，工业、科研和医疗机构产生的液体或固体放射性废弃物。释放出来的放射性物质进入土壤，在土壤中积累，有潜在的威胁。当土壤被病原体、有毒化学物质和放射性物质污染，便能传播疾病，引起中毒和诱发癌症。

3.土壤污染的危害

土壤污染的危害主要有以下几个方面:

(1)影响土壤的结构与生态功能。污染物进入土壤后将显著改变土壤酸碱度,尤其是一些酸性沉降物在重力作用下进入土壤。此外,不合理使用农药和化肥也会改变土壤酸碱性,引起土壤板结,进而使农作物减产。

(2)影响农作物的产量和品质。钾肥中一般含有Cl^-(氯离子),对忌氯作物(如甘薯、马铃薯、甘蔗、甜菜、柑橘、烟草、茶树和葡萄等)的产量均有不良影响,而且用量越大,负效应越大。施肥引起的重金属污染主要来自磷肥,由于在磷矿中含有痕量的Cd(镉),从而导致成品肥料Cd的污染。

(3)造成严重的经济损失。对于各种土壤污染造成的经济损失,目前尚缺乏系统的调查资料。有学者曾指出,美国由于农药的使用,对环境和社会造成的经济损失达81.23亿美元,而我国则可能更高。

(4)危害人体和动物的健康。土壤污染会使污染物在植物(包括作物)体中积累,并通过食物链富集到人体和动物体中,危害人畜健康,引发癌症和其他疾病等。

(5)导致其他环境问题。土壤受到污染后,含重金属浓度较高的污染表土容易在风力和水力的作用下,分别进入到大气和水体中,导致大气污染、地表水污染、地下水污染和生态系统退化等其他次生生态环境问题。例如,表土的污染物质可能在风的作用下,作为扬尘进入大气中,并进一步通过呼吸进入人体。

中篇

确诊——地球病症探查

第二章 让我吸点新鲜空气

第一节 混沌的天空

一、雾霾围城，口罩脱销

1. 什么是雾霾

雾霾是雾和霾的结合体，雾霾常见于城市。中国很多地区都将雾并入霾，一起作为灾害性天气现象进行预警预报，统称为"雾霾天气"。

雾霾是特定气候条件与人类活动相互作用的结果。高密度人口的经济及社会活动必然会排放大量的细颗粒物（PM2.5），一旦排放超过大气循环能力和承载度，细颗粒物浓度就会不断积聚，如果受静稳天气等影响，就会出现大范围的雾霾。

2013年，"雾霾"成为年度关键词。当年1月，共发生过4次雾霾过程，笼罩30个省（区、市），北京仅有5天不是雾霾天。报告显示，中国最大的500个城市中，只有不到1%的城市达到世界卫生组织推荐的空气质量标准；同时，世界上污染最严重的10个城市有7个在中国。2014年1月4日，国家减灾办、民政部首次将危害健康的雾霾天气纳入2013年自然灾情进行通报。

2016年12月，入冬以来最持久的雾霾天气来临，多个城市达严重污染，直到21日后半夜才自北向南逐渐消散。19日夜间进入雾霾最严重的时段，影响了包括京津冀、山西、陕西、河南等11个省市在内的地区。

2. 雾霾是怎么形成的

雾霾的源头有很多，比如汽车尾气、工业排放、建筑扬尘、垃圾焚烧等。雾霾天气通常是多种污染源混合作用形成的，但各地区的雾霾天气中，不同污染源的作用程度各有差异。

雾霾天气自古有之，刀耕火种和火山喷发等人类活动或自然现象都可能导致雾霾天气。不过在人类进入化石燃料时代后，雾霾天气才真正威胁到人类的生存环境和身体健康。急剧的工业化和城市化导致能源迅猛消耗、人口高度聚集、生态环境破坏，都为雾霾天气的形成埋下伏笔。

雾霾的形成既有源头，也有帮凶，这就是不利于污染物扩散的气象条件。一旦污染物在长期静态的气象条件下积聚，就容易形成雾霾天气。

雾霾形成有三个要素：

（1）生成颗粒性扬尘的物理基源。我国有世界上最大的黄土高原地区，其土壤质地最容易生成颗粒性扬尘微粒。

（2）运动差造成扬尘。例如，道路中间花圃的泥土下雨或泼水后若有泥浆流到路上，干涸后被车轮一旋就会造成大量扬尘，即使这些颗粒性物质落回地面，也会因汽车不断驶过，被再次甩到城市上空。

（3）扬尘基源和运动差过程集聚在一定空间范围内，颗粒最终与水分子结核集聚成霾。目前，在我国黄土高原地区很多座城市中，形成雾霾三要素的存量相当丰裕。

二、不要让雾霾伤害了我们的健康

雾气看似温和，却含有各种对人体有害的细颗粒、有毒物质达20多种，包括酸、碱、盐、胺、酚等，以及尘埃、花粉、螨虫、流感病毒、结核杆菌、肺炎球菌等，其含量是普通大气水滴的几十倍。

与雾相比，霾对人的身体健康的危害更大。霾中细小粉粒状的飘浮颗粒物，会直接通过呼吸系统进入支气管，甚至肺部。所以，霾影响最大的就是人的呼吸系统，造成的疾病主要集中在呼吸道疾病、脑血管疾病、鼻腔炎症等病种上。同时，灰霾天气时，气压降低、空气中可吸入颗粒物骤增、空气流动性差，有害细菌和病毒向周围扩散的速度变慢，会致使空气中的病毒浓度增高，提高疾病传播风险。

2014年2月20—26日，持续7天的重度雾霾天气更是北京市数年来持续时间最长、空气质量最严重的一次。部分站点PM2.5浓度超过每立方米550微克，达到了空气质量指数上限，即所谓的"爆表"。国外将此类空气评为"有毒"！

北京市卫生局统计，每次出现重度雾霾的天气，到市属各大医院的呼吸科就诊的患者就会增加20%~50%。甚至到北京参加国际电影节的法国演员让·雷诺也因为呼吸道疾病入院治疗，专访被临时取消。

更为严重的是，空气污染还能影响人类的生育和婴幼儿的健康。专家称，在胚胎和婴幼儿时期暴露在高浓度空气污染物的动物，相较成年时期暴露在污染环境里的群体的生育力有显著下降。

雾霾对人体产生的危害包括以下几个方面：

（1）对呼吸系统的影响。霾的组成成分非常复杂，包括数百种大气化学颗粒物质。其中，有害健康的主要是直径小于10微米的气溶胶粒子，如矿物颗粒物、海盐、硫酸盐、硝酸盐、有机气溶胶粒子、燃料和汽车废气等，能直接进入并粘附在人体呼吸道和肺泡中。尤其是亚微米粒子会分别沉积于上、下呼吸道和肺泡中，更容易引起急性鼻炎和急性支气管炎等病症。对于支气管哮喘、慢性支气管炎、阻塞性肺气肿和慢性阻塞性肺疾病等慢性呼吸系统疾病患者，一旦遭遇雾霾天气，更会使病情急性发作或急性加重；长期处于这种环境，还会诱发肺癌。

（2）对心血管系统的影响。雾霾天对人体心脑血管疾病的影响也很严重，会阻碍正常的血液循环，导致心血管病、高血压、冠心病、脑溢血，可能诱发心绞痛、心肌梗塞、心力衰竭等。另外，浓雾天气压比较低，人会产生一种烦躁感，血压会有所增高。再加上，雾天往往气温较低，高血压、冠心病患者从温暖的室内突然走到寒冷的室外，血管热胀冷缩，会让血压升高，引发中风、心肌梗死等。

（3）雾霾天气还可导致近地层紫外线的减弱，使空气中的传染性病菌的活性增强，从而引发疾病。

（4）不利于儿童成长。雾天日照减少，儿童紫外线照射不足，体内维生素D生成不足，对钙的吸收大大减少，严重的会引起婴儿佝偻病、儿童生长减慢。

（5）影响心理健康。持续大雾天对人的心理和身体都有影响。从心理上说，大雾天会给人造成沉闷、压抑的感受，会刺激或加剧心理抑郁的状态。此外，由于雾天光线较弱及导致的低气压，有些人在雾天会产生精神懒散、情绪低落的现象。

（6）影响生殖能力。研究表明，长期暴露在高污染空气中的人群，精子在体外受精时的成功率可能会降低；有毒空气和男性生育能力下降之间有一定的关联。2013年11月5日中国社会科学院、中国气象局联合发布《气候变化绿皮书》指出，近50年来中国雾霾天气总体呈增加趋势，霾日数明显增加，持续性霾过程增加显著。

雾霾天气现象会给气候、环境、健康、经济等方面造成显著的负面影响，例如引起城市大气酸雨、光化学烟雾现象，导致大气能见度下降，阻碍空中、水面和陆面交通；提高死亡率、使慢性病加剧、使呼吸系统及心脏系统疾病恶化，改变肺功能及结构，影响生殖能力，改变人体的免疫结构等。

（7）易引发老年痴呆症。研究发现，雾霾等空气污染，不仅会损伤我们的肺，还会影响我们的大脑，从而引发老年痴呆症。

三、跟雾霾作斗争

要想控制雾霾天气，就要从以下几方面做起：

1.严格控制污染物排量

控制污染物排量是防止雾霾最直接的好方法，也是最有效的一种方法。具体来说，包括以下几个方面：

（1）加大控制扬尘污染的力度。政府必须加大控制扬尘污染的力度，加强对城市违法行为的数得上主执法力度，如露天焚烧、小煤炉及露天烧烤等。扩大城市绿化面积，全面推进道路绿化、居室绿化、立体绿化及屋顶绿化等。在重污染空气期间制定应急预案，并在重污染天气连续出现2天后及时启动预案，加强治理。

（2）发展绿色交通，加强机动车尾气排放治理。要大力发展城市公交系统和城际间轨道交通系统，鼓励绿色出行，积极推广电动公交车和出租车，大力发展电能、太阳能等新能源汽车，鼓励燃油车辆加装压缩天然气，促进天然气等清洁能源作为汽车动力燃料，为汽车安装净化装置，实现汽车尾气催化净化。

2.积极发展生态公益

（1）优化产业结构，进一步深化工业污染治理，淘汰钢铁、建材和纺织等不符合产业政策和节能减排要求的落后产品、技术和工艺设备。

（2）制定节能环保产业技术标准和规范，加大节能环保产业技术研发扶持力度，加快发展节能环保产业，支持节能环保产业成为新兴支柱产业。

（3）积极发展风能、太阳能、地热、生物能、潮汐能等新能源和可再生能源，提高能源利用效率，鼓励节约能源；积极推进建筑节能，加快推进建筑节能改造和发展绿色建筑，推广使用太阳能光热、光电建筑一体化和地源热泵等技术。

3.雾霾的预防措施

要想做好对雾霾的预防，要想减少雾霾对自己的危害，要做好下面几点预防：

（1）戴口罩。口罩能够有效阻隔雾霾接触到口鼻，是直接、有效的预防方式。当然，购买口罩，最好到药房购买。

（2）戴帽子。头发具备极强的吸附污染物的能力，要想缓解雾霾对自己的危害，出门前可以戴顶帽子。

（3）穿长衣。为了潇洒而短打扮、穿的太零碎，会增大跟有害空气接触的面积，穿长大衣，既保暖，又健康。

（4）减少出门。减少出门，直接隔断了与雾霾的接触。尤其是老人与儿童，雾霾天气应尽量减少室外活动。

（5）户外"短平快"。在雾霾天气，要减少户外活动的时间。短暂停留，平和呼吸，小步快走。

（6）进屋就洗脸、洗手。在室外逗留后，皮肤接触有害颗粒物最多的地方就是脸和手，故回到家里后首先就要洗手、洗脸。

第二节 让地球流泪的"空中死神"

一、酸雨的危害就在我们身边

酸雨指的是pH值小于5.6的雨雪或其他形式的降水。雨、雪等在形成和降落的过程中，会吸收并溶解空气中的二氧化硫、氮氧化合物等物质，形成pH值低于5.6的酸性降水。随着酸雨频率、范围、酸性的逐年增大，对环境的影响也越来越明显。

重庆市是我国受酸雨危害较严重的城市，这里重工业发达，大气污染严重；风速极低，相对湿度大，污染物很难向外扩散，每年因酸雨造成的经济损失高达上亿元。重庆属于潮湿地带，再加上还是"火炉"，决定了久晴之后的雨水有着巨大的破坏力。酸性物质夹杂在潮湿的空气中，会加速电器电接插件、电路板的腐蚀。

酸雨污染严重影响着生态系统和人类生存环境，已经成为重要的国际环境问题。酸雨究竟有哪些危害呢？

1.对土壤的危害

土壤一般呈弱碱性或中性，然而经常降落的酸雨使土壤pH值降低，土壤里的营养元素钾、镁、钙、硅等不断溶出，流失；另外，由于土壤酸化，土壤中的微微生物受到不利影响，使微生物固氮和分解有机质的活动受到抑制，导致土壤贫瘠化，影响植物生长。

2.对农作物的危害

酸雨可破坏作物叶片的正常生理功能，阻止叶片与外界进行气体交换和光合作用，使作物在生长发展过程中不能吸收所需要的营养物质，导致病菌大量侵入植物体内，从而引起各种病害。

3.对人体危害

酸雨会通过SO_2和NO_2直接刺激皮肤，提高皮肤病的发病率。同时，酸雨中的酸性物质对眼角膜和呼吸道都有着明显的刺激作用，引发红眼病和支气管炎。其微粒还会侵入肺的深层组织，引发肺水肿、肺硬化甚至癌变。

4.对水体的危害

研究表明，当湖水的pH值处于6.15~9.10之间时，不会伤害到鱼类；处于5.10~6.15之间时，鱼卵就难以孵化，鱼苗数量就会减少；低于5.10时，多数鱼类就无法生存了。在已酸化的湖泊中，虾类会比鱼类提前灭绝。被酸化的水体中的H^+会加速地壳岩石和地表土的风化，增加重金属盐的溶解和积累，还会与磷酸盐形成不溶性化合物沉淀析出，降低水体PO_4浓度，导致水体营养盐贫乏。更为严重的是，将土壤中活性铝冲刷到水体中，还会严重危害到水生生物的生长，减弱生物分解作用，直接影响系统中C和营养盐的再循环，从而改变水体生态环境。

5.对建筑物及文物的危害

酸雨能与金属、石灰岩石料、混凝土等材料发生化学反应或电化学反应，致使表面硬化水泥溶解，出现空洞和裂缝，降低强度，加快楼房、桥梁、历史文物、珍贵艺术品、雕像等的腐蚀。同时还会加速建筑物表面各种保护涂层的退化，使桥梁和钢结构的建筑物出现明显损坏。

6.对森林生态系统的危害

酸雨通过树木同（叶、茎）的淋洗直接伤害或通过土壤的间接伤害，促使森林衰亡。酸雨还诱使病虫害暴发，造成森林大片死亡。全欧洲约有14%的森林受酸雨危害，德国高达50%。德国人常自豪地称自己的国家为"黑森林王国"，可是由于酸雨肆虐，现在黑森林已变成了黄森林，墨绿的树叶泛黄脱落，好多树冠完全脱光，只剩下光秃秃的枝，在凄风苦雨中呻吟挣扎。所以德国人把酸雨称作"绿色的鼠疫"。

二、酸雨是如何形成的

酸雨主要是由大气污染造成的。我们的生活、工作需要燃烧大量的煤炭和石油，这些东西被燃烧后会生成二氧化硫和氮氧化物，这两种东西恰好能与阳光、水汽、飘尘发生化学反应，生成硫酸、硝酸或硫酸盐、硝酸盐的微滴。这些酸性物质平常飘浮在空中，遇到雨水就随之一起落下，于是就形成了酸雨。

酸雨的形成有其自然因素，包括来源于海洋的含硫化合物，特别是二甲基硫醚，以及海水中的硫酸盐。硫化氢和其他形式的硫都来源于厌氧细菌和植物。许多这种形式的硫都在空气中转化为二氧化硫。少量的各种形式的硫来源于火山爆发。

工业活动排放的二氧化硫的量更大，尤其是发电厂和工业锅炉中煤炭和石油的燃烧及有色金属的冶炼所产生的二氧化硫。电动工具厂、加热工业、住宅和商业楼宇中都排放二氧化硫。建在工业厂房里的高烟囱加大了硫和其他酸雨前体物的扩散。

氮氧化物是另一个形成酸雨的罪魁祸首，大多来源于汽车的汽油发动机。气体到达大气层后，与水分进行反应形成硝酸。

三、酸雨的有效防治

要想有效预防酸雨，就要从下面几点做起：

1.完善环境法规，建立激励和约束机制

首先，要制定详尽的酸雨气体排放标准，明确法律责任；其次，要全面推行征收SO_2排污费制度，依据排放量的多少来收取相应的环境保护费用。工业排放企业完成每年的指标，要给予一定的奖励；没完成的，则应就超出的部分征税。

2.倡导循环经济，优化能源结构

（1）积极树立循环经济、低碳经济的理念，引进相关循环经济、低碳经济技术，依法开展企业清洁生产工作，实现"节能、降耗、减污、增效"目标。

（2）控制高耗能、高污染行业过快增长，加快淘汰落后产能，完善促进产业结构调整的政策措施。

（3）积极推进能源结构调整，大力发展太阳能、水能、风能、地热能等清洁能源。

（4）进一步促进生态农村建设，加大发展沼气池力度，开展沼气入户工程，用沼气取暖和煮饭。

3.建立公众参与机制，倡导绿色出行

鼓励市民购买低排量的机动车，限制机动车数量，倡导多使用公交车、自行车或步行，鼓励人们选择低能耗、低污染和低排放的绿色出行方式。

4.优化种植结构，筛选出抗酸雨农作物品种

（1）利用高新技术，加快培育抗酸雨的品种，比如银杉、金橘、桑树、樟树等树种，减轻酸雨的危害。这些植物有着很强的吸酸能力，每平方米的银杉可以吸收60公斤的SO_2。

（2）种植绿肥、施用有机肥，在酸化土地酌情施用生石灰，提高土壤的缓冲能力，缓解土壤酸化过程；在已经酸化的土壤和湖河及养殖池塘中，可以投入生石灰，并建立酸雨缓冲系统。

（3）积极推广大棚避雨栽培方式，通过塑料薄膜的隔离，减轻酸雨对植物的直接危害。

第三节　地球生命的保护伞

一、臭氧层为什么会出现"空洞"

臭氧层是大气平流层中臭氧浓度最大处，是地球的一个保护层，太阳紫外线辐射多数都会被其吸收。大气臭氧层的损耗，是当前世界普遍关注的全球性大气环境问题，直接关系到生物圈的安危和人类的生存。

1984年，英国科学家首次发现南极上空出现了臭氧洞。臭氧层中的臭氧减少，照射到地面的太阳光紫外线增强，其中波长为240~329纳米的紫外线对生物细胞具有很强的杀伤作用，对生物圈中的生态系统和各种生物都会产生不利影响。2012年年末，南极臭氧空洞下降到1989年以来最小面积。可是即使南极洲上空的臭氧空洞正在逐渐减小，但截止到2014年10月，其大小依然跟北美洲面积相当。

臭氧层空洞是如何形成的？太阳是个巨大的热体，表面温度高达6 000 ℃，是地球取之不尽的能量来源。众所周知，人类肉眼可以看到的"赤橙黄绿青蓝紫"七彩光是可见光范围的太阳辐射，其实到达地面的太阳光还有红外线和紫外线等。有一部分紫外线能量非常高，如果到达地球表面，可能破坏生物分子的蛋白质和基因物质。可是，地球的大气层宛如一把保护伞，将太阳辐射中的有害部分阻挡在了大气层之外，使地球成为人类宜居的家园；而完成这一工作的，就是臭氧层。

臭氧与氧气是亲兄弟，只不过臭氧是由三个氧原子构成，而氧气是由两个氧原子构成。由于臭氧和氧气之间的平衡，大气中形成了一个较为稳定的臭氧层，距离地球表面15~25千米。臭氧对太阳的紫外辐射有着很强的吸收作用，能够阻挡容易对地表生物有伤害的紫外线。因此，从这个意义上来说，臭氧层形成后，才有了生命在地球上的生存、延续和发展。在大气中臭氧层是极其脆弱的一层气体，在零度的温度下，如果沿着垂直的方向将大气中的臭氧全部压缩到一个大气压，臭氧层的总厚度只有3毫米左右。

科学家在南极地区最早发现了严重的臭氧层破坏。南极地区非常寒冷，终年被冰雪覆盖，四周环绕着海洋。在过去10~15年间，每到春天，南极上空平流层的臭氧都会发生大规模耗损。极地上空臭氧层的中心地带，近95%的臭氧遭到破坏。从地面向上观测，高空的臭氧层已经非常稀薄，与周围相比，如同形成了一个"洞"，直径多达上千米，"臭氧洞"因此得名。

臭氧洞可以用一个三维的结构来描述，即臭氧洞的面积、深度和延续时间。1987年10月，南极上空的臭氧浓度下降到1957—1978年间的一半，臭氧洞面积则扩大到足以覆盖整个欧洲大陆。从那以后，臭氧浓度下降的速度不断加快，臭氧洞的面积也在不断扩大，1994年10月臭氧洞曾一度蔓延到南美洲最南端的上空。

近年来，臭氧洞的深度和面积等都在继续扩展。1995年，观测到的臭氧洞的天数是77天；到了1996年，几乎南极平流层的臭氧全部遭到破坏，臭氧洞发生天数增加到80天；1997年至今，科学家进一步观测到，臭氧洞发生的时间在提前，1998年臭氧洞的持续时间超过100天，是南极臭氧洞发现以来的最长纪录，且臭氧洞面积比1997年增加了约15%，相当三个澳大利亚的面积。这一迹象表明，南极臭氧洞的损耗状况处于不断恶化中。

臭氧洞的发现，立即引起了科学界及整个国际社会的震动。最初对南极臭氧洞的出现有三种不同的解释：第一种解释认为，是底层含臭氧少的空气被风吹到平流层的天然结果；第二种解释认为，南极臭氧洞是由宇宙射线在高空生成氮氧化物的自然过程；第三种解释认为，是人为的活动造成了今天的臭氧洞，元凶就是熟知的氟利昂和哈龙。越来越多的科学证据否定了前两种解释。

虽然南极臭氧空洞的形成很复杂，但根源还是地球表面人类活动产生的氟利昂和哈龙。氟利昂和哈龙在大气中的寿命很长，一旦进入大气，要想出去就很难了，这也意味着它们对臭氧层的破坏会持续一个漫长的过程。

二、空洞可能造成的危害

多年来科学家研究发现，大气中的臭氧每减少1%，照射到地面的紫外线就会增加2%，皮肤癌就会增加3%，还会遭受到白内障、免疫系统缺陷和发育停滞等疾病的袭击。居住在距南极洲较近的智利南端海伦娜岬角的居民，已经尝到苦头。只要走出家门，他们就要在衣服遮不住的肤面，涂上防晒油，戴上太阳眼镜，否则半小时后，皮肤就会晒成鲜艳的粉红色，并伴有痒痛；羊群则多患白内障，几乎全盲。据说那里的兔子眼睛全瞎，猎人可以轻易地拎起兔子耳朵将其带回家，河里捕到的鲜鱼也都是盲鱼。推而广之，如果臭氧层全部遭到破坏，太阳紫外线就会杀死所有的陆地生命，人类也会遭到灭顶之灾，地球将会成为无任何生命的不毛之地。

臭氧层空洞已严重威胁到人类的生存。1987年，主要工业国签署了《蒙特利尔公约》，要求逐步停止使用危害臭氧层的化学物质，于是更健康的第三代制冷剂——氨出现了。氨是自然存在的物质，由氢和氮元素组成，对环境影响微乎其微。

臭氧是一种温室气体，可以使全球气候变暖。但是，不同于其他温室气体，臭氧是由自然界中受自然因子的影响而产生，并不来自人类活动的排放。臭氧不仅能对气候变化产生影响，影响环境和生态，还会对人类健康产生更为直接的影响。

1.对生态影响

（1）农产品减产及品质下降。试验200种作物对紫外线辐射增加的敏感性，结果2/3都会产生影响，尤其是大米、小麦、棉花、大豆、水果和洋白菜等人类经常食用的作物。

（2）减少渔业产量。紫外线辐射会杀死10米水深内的单细胞海洋浮游生物。实验表明，臭氧减少10%，紫外线辐射增加20%，会在15天内杀死所有生活在10米水深内的鳗鱼幼鱼。

（3）破坏森林。树木桧受到紫外线的伤害。

2.对人类的影响

臭氧减少会使人类受到过量太阳紫外线的辐射，从而对人类健康产生危害。

（1）鳞状细胞癌和基底细胞癌，其与被高能量的紫外线辐照关系非常密切。紫外线会让脱氧核糖核酸分子中的碱基嘧啶形成二聚体，导致脱氧核糖核酸复制时出现错误。这种病虽然死亡率不高，但需要接受外科手术。根据流行病学的统计数据，平流层中的臭氧每减少1%，皮肤癌的发病率会增加2%。

（2）恶性黑色素瘤，虽然比较少见但更为致命，死亡率能达15%~20%。这种病和紫外线的关系尚不明了，经过用鱼做的试验，证明90%~95%的发病和普通紫外线及可见光有关；用负鼠做的试验则证明，跟高能量的紫外线关系密切。有一个研究证明，高能量的紫外线辐射每增加10%，可让患恶性黑色素瘤的男人发病率增加19%，女人增加16%。根据对智利最南端的蓬塔阿雷纳斯人所做的调查，在臭氧层消耗的7年间，恶性黑色素瘤发病率增加了56%，其他皮肤癌发病率增加了46%。

（3）白内障。实验研究证明，紫外线和白内障的发病率有着一定的关系。对白种人的调查显示，长期暴露在阳光下，会提高白内障的发病率，对男人的影响比对女人影响大。目前还没有对黑种人的调查数据，不过黑种人的白内障发病率比白种人要高。

三、保护臭氧层的对策

1.开发消耗臭氧层物质的替代技术

在现代经济中,氟利昂等物质应用非常广泛,要全面淘汰必须首先找到氟利昂等的替代物质和替代技术。在特殊情况下需要使用,也应努力回收,尽可能重复利用。目前,科技人员正在研究开发非氟利昂类型的替代物质和方法,如水清洗技术、氨制冷技术等。发达国家已经以比预期更快的速度和更低的成本,停止了CFCs(氯氟烃)的使用。泡沫行业使用水、二氧化碳、碳氢和HCFC(氢氯氟烃),制冷和空调行业大都用HCFC作为替代品。

2.制定淘汰消耗臭氧层物质的措施

为推动氟利昂替代物质和技术的开发和使用,许多国家采取了一系列政策措施。一类是传统的环境管制措施,如禁用、限制、配额和技术标准,并对违反规定实施严厉处罚。欧盟国家和一些经济转轨国家广泛采用了这类措施;另一类是经济手段,如征收税费,资助替代物质和技术开发等;英国对生产和使用消耗臭氧层物质实行了征税和交易许可证等措施。另外,许多国家的政府、企业和民间团体还发起了自愿行动,采取各种环境标志,鼓励生产者和消费者生产和使用不带有消耗臭氧层物质的材料和产品。其中,绿色冰箱标志得到了非常广泛的应用。

3.开展淘汰消耗臭氧层物质国际行动

在各项国际环境条约中,《蒙特利尔议定书》被认为是迄今为止最成功的国际环境协议。目前,向大气层排放的消耗臭氧层物质已经开始逐渐减少,从1994年起,对流层中消耗臭氧层物质浓度开始下降。尽管CFCs排放在下降,但其在平流层的浓度还在继续上升,这是因为前些年排放的CFCs还在上升进入平流层。预计在未来几年中,平流层中消耗臭氧层物质的浓度将达到最大限度,然后开始下降。但是,由于氟利昂相当稳定,可以存在50~100年,即使议定书完全得到履行,臭氧层的耗损也只能在2050年以后才有可能完全复原。

第四节 地球变成了大暖房

一、全球气候变暖是悲剧

全球气候变暖是一种跟自然有关的现象,具体过程是:随着温室效应的不断积累,导致地气系统吸收与发射的能量不平衡，能量不断在地气系统累积，导致温度上升，造成全球气候变暖。

温室效应是指通过阳光的密闭空间与外界缺乏热交换而形成的保温效应，也就是太阳短波辐射可以透过大气射入地面，而地面增暖后放出的长波辐射却被大气中的二氧化碳等物质所吸收，从而产生大气变暖效应。大气中的二氧化碳就像一层厚厚的玻璃，会使地球变成一个大暖房。如果没有大气，地表平均温度就会下降到-23 ℃，而实际地表平均温度为15 ℃，也就是说，温室效应会使地表温度提高38 ℃。

大气中的二氧化碳浓度增加，阻止地球热量的散失，使地球发生可感觉到的气温升高，这就是有名的"温室效应"。某杂志社曾派遣摄影师前往世界各地拍摄受全球变暖影响的相关照片，每张照片都触目惊心地展现了全球变暖下各地的困境。以下是摄影师所拍摄图片的文字说明。

（1）绝望的北极熊：在阿拉斯加的巴特群岛上，一只孤独的北极熊正绝望地寻找栖息地。

（2）龟裂的土地：在西孟加拉一片广袤的地区，异常干旱，导致严重缺水。这里早已无法耕种，人们不得不去到很远的地方取水，池塘、河流已经枯竭，只剩下干旱的荒漠。

（3）垃圾山：意大利西南部的卡拉布里亚一处垃圾填埋场，一位老妇人在堆积成山的垃圾中蹒跚前行。垃圾填埋场数量的激增，产生了大量甲烷气体，加快了气候变化。

（4）洪水中的妇人：孟加拉国的杰马勒布尔遭受了热带气旋、洪水、滑坡、干旱等严重的自然灾害，一名女性划着木筏在洪水中前行。由于气候变化，未来灾害的强度和频率将会增加。

（5）火焰风暴：2013年，在旧金山的东部海湾出现了极端干旱天气，引发了野火，燃烧的景象酷似火山喷发。

（6）消失的岛屿：随着海平面的不断上升，印度西孟加拉邦恒河三角洲地区的许多岛屿正面临着快速消失的危险。当地居民的家园和土地正在以最快的速度下沉，面对着一个阴暗的未来，人们随时可能成为气候变化下的难民。

（7）因纽特人的窘境：在格陵兰东部库鲁苏克的因纽特人，通过狩猎来维持家人的生计。可是随着冰雪融化速度的提高，捕猎变得极其困难。然而，在冰雪融化的夏季，他们也买不起船只出海打鱼。

（8）被抽干的鱼塘：在以色列，严重的干旱使水费变得无比昂贵，鱼塘主不得不抽干塘里的水放弃养鱼。

（9）夜间觅食的动物：气候变暖导致动物饮水困难，丢掉的烂橘子成了动物美食。疣猪和狒狒一起觅食，之前它们很少会在天黑后出没。

（10）戛然而止的生命：在1990年至2015年期间，全球约10%的原始森林遭受破坏；2000年至2012年间，230万平方千米的森林年被砍伐；原本覆盖地球的1600万平方千米的森林如今只剩下620万平方千米。

二、地球表面变热不是好现象

温室效应的加剧必然会导致全球变暖，气候变化已经成为影响人类生存和发展的重要因素。

1.冰川消退，海平面上升

气候变暖，使极地及高山冰川融化，使海平面上升。气温升高导致海水受热膨胀，也会使海平面上升。观测表明，100余年来海平面上升了14~15厘米，未来海平面将继续上升。

海平面上升会直接导致低地被淹、海岸侵蚀加重、排洪不畅、土地盐渍化和海水倒灌等问题。如果地球温度按现在的速度继续升高，预计到2050年，南北极冰山将大幅融化，上海、东京、纽约和悉尼等沿海城市将被淹没。

2.气候带北移，引发生态问题

据估计，气温升高1℃，北半球的气候带会平均北移约100千米；若气温升高3.5℃，则会向北移动5个纬度左右。这样，占陆地面积3%的苔原带将不复存在，冰岛的气候可能与苏格兰相似，而我国徐州、郑州冬季的气温也将与现在的武汉或杭州差不多。

如果物种迁移适应的速度落后于环境的变化速度，该物种可能会灭绝。据世界自然保护基金会的报告，若全球变暖的趋势不能被有效遏制，到2100年全世界将有1/3的动物栖息地会发生根本性变化，大量物种会因不能适应新的生存环境而灭绝。

气候变暖很可能造成某些地区虫害与病菌传播范围扩大，昆虫群体密度增加。温度升高会使热带虫害和病菌向较高纬度蔓延，使中纬度面临热带病虫害的威胁；同时，可能使这些病虫的分布区扩大、生长季节加长，并使多世代害虫繁殖代数增加，一年中危害时间延长，加重农林灾害。

3.加重区域灾害

全球变暖会加大海洋和地表水的蒸发速度，从而改变降水量和降水频率在时间和空间上的分布。研究表明，一方面全球变暖会使世界上缺水地区降水量和地表径流减少，加重这些地区的旱灾，加快土地荒漠化的速度；另一方面气候变暖又使雨量较大的热带地区降水量进一步增大,加剧洪涝灾害的发生。此外,全球变暖还会使局部地区在短时间内发生急剧的天气变化,导致气候异常。

4.危害人类健康

温室效应导致极热天气出现的频率增加,使心血管和呼吸系统疾病的发病率上升,还会加速流行性疾病的传播和扩散,直接威胁人类健康。

全球变暖使得大气中CO_2浓度升高,有利于植物的光合作用,可以扩大植物的生长范围,提高植物的生产力。但整体来看,温室效应及其引发的全球变暖是弊大于利,因此必须采取各种措施来控制温室效应,抑制全球变暖。

三、如何才能让地球降温

1.历史上的全球变暖

根据仪器记录,相对于1860年至1900年期间,全球陆地与海洋温度上升了0.75 ℃。自1979年,陆地温度上升速度比海洋温度快一倍。根据卫星温度探测,对流层的温度每十年上升0.12~0.22 ℃。在1850年前的一两千年,虽然曾经出现中世纪温暖时期与小冰河时期,但是全球温度是相对稳定的。

根据美国国家航空航天局戈达德太空研究所的研究报告估计,自1800年测量仪器被广泛地应用开始,2005年是地球有温度记录以来第二温暖的年份,比1998年的年平均地表温度记录低了0.06 ℃。

在2000年后,各地的高温纪录经常被打破。比如2003年8月11日,瑞士格罗诺镇最高气温达到41.5 ℃,打破139年来的纪录。同年8月10日,英国伦敦的温度达到38.1 ℃,打破了1990年的纪录。同期,巴黎南部晚上测得最低温度为25.5 ℃,打破了1873年以来的纪录。

2003年夏天,上海、杭州、武汉、福州都破了当地高温纪录,而浙江省则屡破高温纪录,67个气象站中40个都刷新纪录。2004年7月,广州的罕见高温打破了53年来的纪录。2006年8月16日,重庆最高气温高达43 ℃。

2.地球变暖的应对措施

想要应对全球变暖,就要从"变暖"的源头抓起,推行可持续发展的绿色经济,寻找全面、系统地减少温室气体排放的方案。

(1)发展清洁能源、可再生能源、生物能源,加强新技术的研发。我国是再生能源领域的领军者,在太阳能和风能方面遥遥领先于其他国家。全球六大太阳能制造商中有5家在中国,全球十大风机制造商中也有5家在中国,因此发展清洁能源、可再生能源、生物能源，大有可能。

（2）发展循环经济，使能源利用最大化。发展循环经济是从源头实现节能减排最有效的途径，比如将生活垃圾焚烧后的灰渣用作生产水泥的原料；成立以铜、铁、硫资源合理、高效利用的工业园；把一烧了之的农作物秸秆做成食用菌……这些都能在很大程度上推动国家实现节能减排。

（3）利用生态系统固碳，增加碳汇。森林是陆地生态系统的主体，在全球碳循环和调节气候变化中发挥着重要作用。利用植物的光合作用，可以提高生态系统的碳吸收和储存能力，减少二氧化碳在大气中的浓度。因此，增加森林总量、提高森林质量、增强森林生态服务功能等，都可以减缓全球变暖的趋势。

（4）倡导低碳生活，绿色出行。可以用步行、骑车等低碳、绿色、环保的出行方式来减少二氧化碳的排放，这样做既可以保持个人的身体健康，又能达到节能减排的目的。

第三章 我想喝口干净水

第一节 水是生命之源

一、生命之源，无可替代的水

人体75%是水，地球表面75%是水。民以食为天，食以饮为先。饮食饮食，先"饮"后"食"。人体的每个器官都含有丰富的水，如血液和肾脏中的水占83%，心脏为80%，肌肉为76%，脑为75%，肝脏68%，即使是骨头，也含有22%的水分。

水分是构成人体的重要组成成分，一个人大约有2/3体重都来源于液体，只有1/3是固体物质。人的存活是离不开水的，地球没有了水资源，等待人类的就会是灭亡。

水是维持大脑思考、血液流动、肌肉运动等诸多生命活动所必需的物质。把两个人放在两个相同的环境中，一个长期不能进食，一个长期不能喝水，哪个人会更快迎来死亡呢？毫无疑问，是缺水的那一方。在完全不喝水的情况下，一个人生存的时间仅为2~7天。

生物学专家表示，在高温环境中，一名成年人平均每小时会排出1~1.5升的汗液，机体流失大量水分，幼儿则会更容易出现脱水。网络上经常都会出现这样的新闻：家长疏忽大意把孩子独自留在闷热的车中，导致孩子脱水致死。所以，一定要重视补水，不要等到口渴了才喝水。

由于环境受到破坏，导致水质严重污染，而污水成为人类健康的隐形杀手。水污染引发的疾病——癌，是最常见的人类杀手。长期饮用受过污染的水，身体细胞就会不断累积污染物。长期饮用不洁净的水，有些污染物更会沉淀在血管壁上，加速心脑血管硬化。高血压、心脏病、脑血栓等疾病，和长期饮用不洁净的水也有着直接关系。还有，水污染也可以带来消化系统的疾病。

许多人以为，水只要干净就可以，自来水厂处理的水，已经足够安全。这种意识，不但在广大民众中，甚至在一些高级知识分子中也普遍存在。这种流于表面的认知，使大众忽视了水原有的功能，失去了人类健康最珍贵的保护屏。其实，自来水的消毒和沉淀，只能从表面上将污染物清除掉，而污染物里的有些有害物质，是不会轻易从水里消失的。

换水等于换血，是有一定道理的。体内的水就像血液在做循环流动，没有水，就无法活下去。喝了坏的水，健康就会出现问题。应该提高水的质量，喝上有能量的活水，减少自来水等再生水的饮用。

生命由细胞组成，细胞必须"浸泡于水"才得以成活。干燥是老化的主要表现，年轻人细胞内水分占42%，老年人则只占33%。人老的过程就是失去水分的过程。人可以几天不吃饭，但不能一天不饮水，失去体重的15%~20%的水量，生理机能就会停止。

二、中国水资源现状

中国水资源现状不容乐观，干旱缺水严重。我国的淡水资源总量为28 000亿立方米，占全球水资源的6%，仅次于巴西、俄罗斯和加拿大，居世界第四位。但人均淡水量仅为世界平均水平的1/4、美国的1/5，在世界上名列121位，是全球人均水资源最贫乏的国家之一。

除了难以利用的洪水泾流和散布在偏远地区的地下水资源，我国现实可利用的淡水资源量则更少，约为11 000亿立方米，人均可利用水资源量不仅少，且分布一点都不均衡。到20世纪末，全国600多座城市，已有400多个城市存在供水不足问题，较严重的缺水城市达110个。

处于半干旱的华北地区是水资源最紧张的地区。华北地区地处北方，降水较少，但平原（耕地）面积大，农业发达，但水土资源配合不协调，农业用水消耗了大量水资源，再加上人口密集，生产生活用水入不敷出。

黄淮海平原是我国最大的平原，面积占全国的15%，人口和国内生产总值均占全国的1/3，农业产量占全国的40%。该地区工农业生产，对全国经济持续发展和粮食安全至关重要。可是，自20世纪80年代以来，华北地区气候持续干旱，缺水形势日益严峻。1980年到1989年，京津冀地区和山东半岛，10年平均降水量减少10%~15%，气温增高

0.1~0.6 ℃。由于降水偏少，气温偏高，地面蒸发大，再加上人类活动的影响，水资源补给量明显减少。

目前，我国有16个省（区、市）人均水资源量低于严重缺水线，有6个省、区（宁夏、河北、山东、河南、山西、江苏）人均水资源量低于500立方米。

三、全球性淡水危机与解决途径

随着全球人口的迅速增加和人均收入水平的不断提高，全球淡水资源紧缺的局面正在逐渐显现。不采取节水措施，2050年全球淡水需求量将增长两倍，给淡水供应带来巨大的压力。

1. 淡水资源危机

20世纪初，国际上就出现了"19世纪争煤、20世纪争石油、21世纪争水"的说法。第47届联合国大会将每年的3月22日定为"世界水日"，号召世界各国对全球普遍存在的淡水资源紧缺问题引起高度重视和警觉。从全球范围来看，根据联合国统计，全球淡水消耗量比20世纪初增加了6~7倍，比人口增长速度高2倍。全球目前有14亿人缺乏安全清洁的饮用水，即平均每5人中便有1人缺水。估计到2025年，全世界将有近1/3的人口（23亿）缺水，涉及的国家和地区多达40多个，中国就是其中之一。中国被联合国认定为世界上13个淡水最贫乏的国家之一。

我国淡水资源总量排在世界前列，但水资源在时间和地区分布上很不均衡，有10个省（市、区）的水资源已经低于起码的生存线，人均水资源拥有量严重不足。目前我国缺水的城市主要分布在华北、东北、西北和沿海地区，水已经成为这些地区经济发展的瓶颈。2010年后，我国将进入严重缺水期，据专家估计，2030年前中国的缺水量将达到600亿立方米。因此，为了保证我国经济的可持续发展，必须解决淡水资源问题。

2. 解决途径

几十年来，虽然也兴建了一批大型蓄水工程和跨流域调水工程，但跨流域引水则随着调水距离越来越远，调水成本会越来越高。再加上对被引水地区的环境危害及引水的质量问题，远距离调水的传统方法正受到越来越多的质疑。最为关键的是，这些措施并不能从根本上增加淡水资源的总量，淡水紧缺的问题依然很严峻。所以，海水淡化和废水利用才是解决淡水紧缺比较实用的方法。

针对淡水资源危机和水资源可持续利用的对策主要有：

（1）采用海水淡化方法，向取之不尽、用之不绝的大海要淡水；对生活污水和工业废水进行处理和回收利用，加强对水的自然循环调控，增加水资源的利用率。

（2）尽量减少从天然水体的取水量，保持水循环的正常运行，而有效的节水方法就是"开源节流"。

第二节　水体遭遇危机

一、水资源的浪费

我国是世界上用水最多的国家，同时也是水资源浪费最严重的国家之一。生产同样的粮食，我们比美国多用一倍的水。比如，农业用水是我国用水的大头，约占总用水量的72%，但真正被有效利用的水只占农业灌溉用水总量的1/3左右，多半损失在送水过程和漫灌之中；工业上，我国万元产值的耗水量是225立方米，发达国家却仅有100多立方米。另外，城市生活用水的数量虽远远低于农业用水和工业用水量，但生活用水中人们对水资源的毫不吝惜和肆无忌惮的浪费却与前两者相差不大。据统计，仅北京市一年的洗车耗水量，就相当于一个多昆明湖或六个北海的蓄水量。

人们不仅浪费着正在用的水，还在无形中破坏着那些尚未用的水资源。目前，全国约有1/3以上的工业废水和9/10以上的生活污水未经处理就排入河湖，使得全国90%的城市水环境恶化，加剧了可利用水资源的不足。20世纪80年代末期，昆明的一个农民往盘龙江里倾倒一小板车废旧染料，就把整个江染成红色，使自来水厂停产一天，"一个人就污染一条江"。

案例1：家庭用水卫生间最浪费

城市家庭生活中最浪费水的地方在哪儿？答案是卫生间。目前，坐便器每年浪费的水资源已成为城市浪费水资源的最主要部分。抽水马桶占家庭耗水总量的40%。也就是说，每交100元的水费，就会有40元是被扔进马桶冲掉。以非节水型马桶中6升以上的坐便器为例，一天使用10次，一年的耗水量就有21.9吨。因此，选择节水型坐便器就显得尤为重要。当然，在马桶中放入装满水的瓶子，也可以减少水箱的蓄水量，通常每冲一次就可以节水1.44公斤。

普通家庭中不良用水习惯很多，如用抽水马桶冲掉烟头和碎细废物；先冲洗再择蔬菜；水龙头开着去开门、接电话、换电视频道；停水时忘关水龙头，来水时流水没人管；洗手、刷牙、洗脸时不关水龙头等。要做到一水多用，除了更换生活节水器具，定期检查耗水量多的器具，如马桶、水龙头或水管接头及墙壁或地下管路有无漏水情况，更重要的是要号召全家人改掉不良用水习惯。只要改掉这些不良习惯，就能节水70%左右。

案例2：公共场所长流水

比如，对于用水量较多的高校来说，浪费水的现象十分严重。很多同学说一件衣服会漂洗无数遍，大盆大盆的清水被直接倒掉，看着实在让人心疼。

有人曾算过这样一笔账：一座教学楼一年浪费的水量平均是300吨，按一个校区有十座教学楼来算，就有3 000吨水被浪费掉；宿舍楼一年浪费的水量平均是800吨，一个校区有三十座宿舍楼，一年浪费量就是2.4万吨。如果按一吨水3元钱来算，一所高校一年浪费的水费高达7.2万元。

案例3：流动洗车族最费水

随着机动车数量的猛增，洗车业也热了起来。开车在路边转一转，就会发现洗车是一件极方便的事，路边的洗车点可谓"多如牛毛"。然而，这其中也不乏一些非法经营的洗车店，抑或违规用水的洗车店。有些非法洗车店甚至存在"偷水"现象，洗车方式特别浪费水资源。通常情况下，1吨水可以洗3辆车，以每天洗20台车计算，每天需要约7吨水，而这些水足够1个普通三口之家使用1个月。

除了这些非法洗车店之外，还有另外一种洗车方式，就是一桶水、一块抹布"就可开张"的"流动洗车族"。春夏季一到，在公园附近，晚上6点后，经常能看到三三两两晃着抹布招揽生意的人。这种洗车生意简直就是"无本万利"，水不是从河里打的，就是"偷取"的绿化用水、消防用水。

二、水循环的破坏

地球表面各种形式的水体不断地相互转化，水以气态、液态和固态的形式在陆地、海洋和大气间不断循环的过程就是水循环。地球表面的水通过形态转化和在地表及其邻近空间（对流层和地下浅层）迁移。

形成水循环的外因是太阳辐射和重力作用，其为水循环提供了水的物理状态变化和运动能量；形成水循环的内因是水在通常环境条件下，气态、液态、固态三种形态容易相互转化。

1.水循环的意义

水循环是一个动态有序系统。按系统分析，水循环的每一环节都是系统的组成成分，也是一个亚系统。各个亚系统之间又是以一定的关系互相联系的，这种联系是通过一系列的输入与输出实现的。例如，大气亚系统的输出——降水，会成为陆地流域亚系统的输入，陆地流域亚系统又通过其输出——径流，成为海洋亚系统的输入等。以上的水循环亚系统还可以细分为若干更次一级的系统。

水循环是地球上最重要的物质循环之一，它实现了地球系统水量、能量和地球生物化学物质的迁移和转换、构成了全球性的连续有序的动态大系统。水循环联系着海陆两大系统，塑造着地表形态，制约着地球生态环境的平衡和协调，不断提供再生的淡水资源。因此，水循环对于地球表层结构的演变和人类可持续发展都意义重大。其意义主要有以下几个方面：

（1）水循环深刻地影响着地球表层结构的形成、演化和发展。

（2）水循环的实质就是物质与能量的传输过程。

（3）水循环是海陆间联系的纽带。

（4）水循环是地球系统中各种水体不断更新的总和，这使得水成为可再生资源，根植于人类社会和历史的变迁之中。

2. 水循环的环节

水循环是多环节的自然过程，全球性的水循环涉及蒸发、大气水分输送、地表水和地下水循环以及多种形式的水量贮蓄。降水、蒸发和径流是水循环过程的三个最主要环节，这三者构成的水循环途径决定着全球的水量平衡，也决定着一个地区的水资源总量。

（1）降水。海洋上空的水汽被输送到陆地上空凝结降水，称为外来水汽降水；大陆上空的水汽直接凝结降水，称内部水汽降水。在水循环中水汽输送是最活跃的环节之一。

形成降水的条件有三个：一是要有充足的水汽，二是要使气块能够抬升并冷却凝结，三是要有较多的凝结核。

（2）蒸发。液态或固态的水变成气态进入大气中的过程即蒸发，它是水循环中最重要的环节之一。由蒸发产生的水汽进入大气并随大气活动而运动。大气中的水汽主要来自海洋，一部分还来自大陆表面的蒸发。大气层中水汽的循环是蒸发—凝结—降水—蒸发的周而复始的过程。

（3）径流。一个地区（流域）的降水量与蒸发量的差值即径流。多年平均的海洋水量平衡方程为：蒸发量=降水量-径流量；多年平均的陆地水量平衡方程为：降水量=径流量+蒸发量。但是，无论是海洋还是陆地，降水量和蒸发量的地理分布都是不均匀的。

中国的大气水分基本上是通过太平洋、印度洋、南海、鄂霍茨克海及内陆进行水循环,它们是中国东南、西南、华南、东北及西北内陆的水汽来源。西北内陆地区还有盛行西风和气旋东移而来的少量大西洋水汽。

陆地上(或一个流域内)发生的水循环是降水—地表和地下径流—蒸发的复杂过程。陆地上的大气降水、地表径流及地下径流之间的交换又称三水转化。流域径流是陆地水循环中最重要的现象之一。

地下水的运动主要与分子力、热力、重力及空隙性质有关,其运动是多维的。通过土壤和植被的蒸发、蒸腾向上运动成为大气水分;通过入渗向下运动可补给地下水;通过水平方向运动又可成为河湖水的一部分。地下水储量虽然很大,但却是经过长年累月甚至上千年蓄积而成的,水量交换周期很长,循环极其缓慢。地下水和地表水的相互转换是研究水量关系的主要内容之一,也是现代水资源计算的重要问题。

据估计,全球每年总的循环水量约为4 961 012立方米,不到全球总储水量的万分之四。在这些循环水中,约有22.4%成为陆地降水,这其中的约2/3又从陆地蒸发掉了。但总算蒸发量小于降水量,这才形成了地面径流。

3. 水循环的影响因素

水循环的影响因素包括自然因素和人为要素。

自然因素主要有气象条件(大气环流、风向、风速、温度、湿度等)和地理条件(地形、地质、土壤、植被等)。人为因素对水循环也有直接或间接的影响,如修建水利工程等。

大气环流变化引起的降水时空分布、强度和总量的变化,雨带的迁移以及气温、空气湿度、风速的变化以及太阳辐射强迫的变化,都直接影响蒸发、径流及土壤水的变化。受气候因素的制约,我国湿润气候区、半湿润气候区及干旱半干旱地区的陆地水循环有显著差异。

人类活动不断地改变自然环境,越来越强烈地影响水循环的过程。人类构筑水库,开凿运河、渠道、河网,以及大量开发利用地下水等,改变了水的原来径流路线,引起水的分布和水的运动状况的变化。农业的发展,森林的破坏,引起蒸发、径流、下渗等过程的变化。城市和工矿区的大气污染和热岛效应也可改变本地区的水循环状况。

人类活动对水循环的影响反映在两方面。一方面是由于人类生产和社会经济发展使大气的化学成分发生变化,改变了地球大气系统辐射平衡而引起气温升高、全球性降水增加、蒸发加大和水循环的加快以及区域水循环变化;另一方面是人类活动主要作用于流域的下垫面,如土地利用的变化、农田灌溉、农林垦殖、森林砍伐、城市化不透水层面积的扩大、水资源开发利用和生态环境变化等引起的陆地水循环变化。这种人类活动的影响虽然是局部的，但往往强度很大，有时对水循环的影响可扩展至较大地区。

人类生产和消费活动排出的污染物，通过不同的途径进入水循环。矿物燃料燃烧产生并排入大气的二氧化硫和氮氧化物，进入水循环能形成酸雨，从而把大气污染转变为地面水和土壤的污染。大气中的颗粒物也可通过降水等过程返回地面。土壤和固体废物受降水的冲洗、淋溶等作用，其中的有害物质通过径流、渗透等途径，参加水循环而迁移扩散。人类排放的工业废水和生活污水，使地表水或地下水受到污染，最终使海洋受到污染。

水在循环过程中，沿途挟带的各种有害物质，可能会由于水的稀释，降低浓度而无害化，这是水的自净作用。但也可能由于水的流动交换而迁移，造成其他地区或更大范围的污染。

三、水污染的前世今生

1. 水污染的来源

水污染主要是由人类活动产生的污染物造成的，包括其污染源主要包括以下几个方面。

（1）工业污染源。工业污染源是指工业生产中对环境造成有害影响的生产设备或生产场所，通过排放废气、废水、废渣和废热的形式对大气、水体和土壤等造成污染。工业污染是水体的重要污染源，具有量大、面积广、成分复杂、毒性大、不易净化、难处理等特点。工业污染中通常含有如苯、苯酚、吡啶、喹啉等大量有机物及重金属，若排入到河流中会对水体和人体健康产生巨大危害。

（2）农业污染源。农业污染源包括牲畜粪便、农药、化肥等。经过降水、喷灌的作用，为农作物施加的农药和化肥会渗入土壤或流入河流中，引起水体污染。这种污水中除农药和化肥含量高外，有机质、植物营养物质及病原微生物含量也较高。水土流失也是产生农业污染的原因之一，每年表土流失量约50亿吨，致使大量农药、化肥随表土流入江、河、湖、水库，随之流失的氮、磷、钾营养元素，使许多湖泊产生不同程度的富营养化，造成藻类以及其他生物异常繁殖，引起水体溶解氧的变化，从而导致水体水质恶化。

（3）生活污染源。生活污染源主要是城市生活使用的各种洗涤剂和污水、垃圾、粪便等，含氮、磷、硫及致病细菌较多。2008年中国生活污水排放量为330.0亿吨，占废水排放总量的57.7%。很大一部分生活污水未经处理就排入水域，致使许多河段污染严重，鱼虾绝迹。

2. 水污染途径

（1）地表水污染途径。

地表水污染途径相对比较简单，主要为连续注入式和间歇注入式两种类型。

①连续注入式。工矿企业、城市生活污废水直接倾注于地面水体，造成地面水体污染属连续注入式污染。其特点是水体遭到的污染程度较高，而且持续时间较长。

②间歇注入式。其主要是指大气降水引起的地表雨水径流及固体废弃物存放地的降水淋滤液对地表水体的污染。降水一方面淋溶垃圾存放地的固体废弃物并产生污水，另一方面会形成地表径流氧化和溶解所接触的各种物质，如城市地表悬浮固体、细菌、病毒和农业土壤表层中化肥、农药残余物等，并携带这些污染物汇流到河流、湖泊，从而对地表水体造成污染。

一些节制闸定期或不定期提闸放水对节制闸下游河段的污染亦属间歇注入式，如沙河沈丘大闸提闸放水时，下游河段河水就遭受严重污染。

（2）浅层地下水污染途径。

浅层地下水污染途径按水力学特点分类，大致可分为垂直入渗型、水平渗透型和原生污染型。

①垂直入渗型。其主要是指垃圾场、废渣和大气中的SO_2经降水淋滤垂向入渗补给地下水造成浅层地下水污染。

②水平渗透型。其主要是工业和生活污水流向沟渠、塘等地表水体，通过侧向渗透，随后扩散而污染地下水。

③原生污染型。其主要是因沉积环境因素导致地层中铁、锰、氟化物含量较高，致使地下水中含量偏高，在地下水流作用下发生迁移与扩散，造成下游地下水质变差。

第三节　珍惜水资源，整治水污染

一、节约用水，实现可持续发展

水资源的短缺，严重制约着我国经济的发展，还影响着人们的生活。故解决一些地区用水紧张，实现水资源的可持续发展具有至关重要的意义。

实现水资源的可持续利用和发展，可从以下几方面做起：

1. 转变经济增长方式

使经济增长由高耗能向集约式增长，由数量型增长向质量型增长。我国经济增长总体上来说，依然是通过高耗能、高投入推动的，对水的需求量非常大。因此要实现水资源的可持续利用，必须转变投入方式，通过经营管理效率的提高、技术的进步、资源的转移、规模经济等因素形成动力，推动我国经济的发展。

2. 加强对水资源的全面规划

对天上水、地面水、地下水、土壤水进行总体规划，有效保护水资源；对水资源进行优化配置，实现水的综合利用；按照流域进行水资源规划，实行跨流域调水工程。

3. 加大节水力度

目前，我国的水资源有效利用率较低，单方水的产出明显低于发达国家，节水还有较大潜力。节约用水和科学用水，是水资源管理的首要任务，应通过节水宣传教育、征收水资源费、调整水价、实行计划供水等制度，保证节水目标的实现。

4. 做好污水资源化

城市污水未经处理排放入河道，既浪费资源，又污染环境。2001年城市和工业用水已超过1 430亿立方米；扣除电力工业用水，按70%计算，废污水排放量已达到626亿吨，即每天进入河道的废污水已接近1.7亿吨。只要将这些污水加以处理，达到环境允许的排放标准或污水灌溉的标准，使污水资源化，就能增加水源解决农业缺水问题，还可起到治理污染和改善生态环境的作用。将污水处理回用于农业，并与污染治理有机地结合起来，可以有效解决我国水资源的短缺。

5. 合理安排生态环境用水

水资源短缺的地区，城市和工业用水挤占农业用水，农业用水又挤占生态用水，导致生态环境恶化。干旱半干旱地区，生态环境脆弱，必须确保生态环境用水，防止灌溉农业的盲目发展，阻止生态环境的进一步恶化。对于黄河及其他河流，水保措施和下游河道的冲沙水量，应作为生态环境用水在洪水规划中合理安排。从区域水分与能量、水分与盐分、水量与泥沙及水量供与需四个方面进行调控，协调好干旱缺水地区的生态用水。

6. 调整产业结构，实现水资源合理配置

为了实现可持续发展的战略目标，水资源的开发必须坚持"人口—经济—水资源—环境"协调发展的原则，在区域上进行合理配置。在缺水地区，要限制耗水量大的产业发展，并进行必要的产业结构调整，减缓水资源短缺状况。但要想彻底解决北方的缺水问题，还需要修建跨流域调水工程。跨流域调水工程的建设，必须做好总体规划和科学论证，要兼顾调入和调出流域的合理要求，不能对生态环境造成不利影响。

7.加大投资力度,加快供水工程的建设

新水源工程建设需要投入大量的资金,应按照经济规律进行新水源的开发,根据供水成本合理地制定各行业的水价。通过水价的调整,激励用户集资建设节水工程、污水处理回用和地下水回灌工程。多水源的相互竞争,有利于工程的规模控制和资金的合理筹措,还能有效避免水源工程规模过大,造成不必要的资金积压和浪费,同时提高水源工程的效益。

8.实现水资源的统一管理,加强水资源的立法和规划工作

改革水资源管理机制,要以"流域管理与区域管理相结合、水资源权属与开发利用权属相分开"为原则,实现包括城市与农村、水量与水质、地表水和地下水、供水与需水在内的水资源统一管理。此外,要实行"一龙管水,多龙治水"的模式,加强水资源立法工作,加强流域规划与滚动规划工作。

二、水污染的控制措施

水污染的控制措施主要包括以下几个方面:

1.依法限期治理

对于水污染控制,环境保护法和水污染防治法中都有明确的规定。坚持污染防治设施与生产企业的主体工程同时设计、同时施工、同时投入使用。对原有污染进行治理,对于污染严重的,要依法进行限期治理,对限期治理不达标或拒不进行治理的企业,要依法责令其停产或关闭。

2.推行清洁生产

清洁生产包括清洁的生产过程和清洁的产品两个方面。清洁生产是国内外多年环境保护工作经验的总结,它着眼于全过程的控制,具有环境和经济双重效益。推行清洁生产,是深化我国水污染防治工作、实现可持续发展的重要途径。如北京啤酒厂、青岛果品厂、天津油墨厂、天津合成洗涤剂厂等企业,都在清洁生产方面进行过成功的尝试,取得了较好的效果。

3.分散治理和集中控制相结合

在现实生活中,有些污染源的污染物种类基本相同,如家庭污染源;有些污染源的污染物种类又有很大区别,如造纸废水和电镀废水。对家庭污染源就应该采取集中治理的办法;而对于有特殊污染物的污染源,则必须采取分散治理的办法。当然,有些污染源,如果几家造纸厂相距不远,就可以几家联合投资建设一个污水处理厂,实施由分散治理到相对集中治理。

4. 提高废水处理技术水平

工业废水的处理，正向设备化、自动化的方向发展。传统的处理方法，包括用来进行沉淀和曝气的大型混凝池也在不断地更新。近年广泛发展起来的气浮、高梯度电磁过滤、臭氧氧化、离子交换等技术，都为工业废水处理提供了新的方法。目前，废水处理装置自动化控制技术正在得到广泛应用和发展，在提高废水处理装置的稳定性和改善出水水质方面起到了重要作用。

另外，还应有效提高城市污水处理技术水平。目前，我国对城市污水所采用的处理方法，大多是二级处理就近排放。此法不仅基建投入大，而且占地多，运行费用高，很多城市难以负担。而国外发达国家，大都采用先进的污水排海工程技术来处置沿海城市污水。

5. 在生产和生活中大力提倡节约用水

首先，厂矿企业要不断提高节水意识，积极采用先进的节水工艺设备，提高水的重复利用率。其次，广大居民和社会各界都要增强节水观念，千方百计节约水资源。道理很简单，水的消耗减少了，废水、污水自然减少了，废水、污水处理问题也就相对容易一些。

第四章 勿让土壤伤害我

第一节 千疮百孔的大地母亲

一、绿野变荒漠

土地退化是危及人类生存与发展的重大问题。长期以来，自然因素和不合理的人类活动加剧了土地退化。自20世纪70年代以来，我国政府累计投入数千亿元人民币，相继启动了三北防护林体系建设、京津风沙源治理、退耕还林、退牧还草、水土流失综合治理等重点生态工程，对沙化严重地区进行集中治理。可是即便如此，我国依然成了世界上荒漠化严重的国家之一，荒漠化土地面积多达262.2万平方千米，占国土面积的27.4%，影响到近4亿人口。

其实，不仅国内如此。位于非洲大陆北部的撒哈拉大沙漠，方圆800万平方千米，横跨阿尔及利亚、摩洛哥、埃及等11个国家。阿哈加尔和提贝提斯两处的山脉位于沙漠中部，气势雄伟，怪石嶙峋。

在一次科学考察中，考古学家在石窟山洞里发现了原始人类的岩画。这些岩画早期的和后期的有很大区别，早期的是石刻的，后期的则是用黄褐色的泥土画上去的。岩画上的内容展示了当时人们的生活情景，除了象、长颈鹿、狮子、野牛、河马、鳄鱼和鸵鸟等动物，还有成群的牛羊和放牛的牧人。

科学家据以推测，五六千年前的石窟山洞，气候湿润，植物茂盛，原始人类和野生动物曾在这里生活了很长的时间。后来不知什么原因，生机盎然的绿洲消失了，取而代之的是死气沉沉的茫茫大漠。生态学家认为，绿洲之所以会变为沙漠，是因为人类自身的活动。人类是生态环境中的重要一环，对自然界的所作所为，引发了环境的改变，使环境越发不利于人类生存。

在农牧社会，为了发展经济和战胜敌人，鼓励人口生育。随着人口的增多，田地变广，牲畜变多，绿色原野无法负荷。"土地—植物—动物—人类"的生命链条一旦断裂，如果遭受自然灾害，必然会全面崩溃。

撒哈拉沙漠形成的过程告诉我们，在"自然—社会—文化"生态系统中，人类必须适应环境变化，必须确立正确的生态理念，帮它朝着积极的方向发展。

二、土壤侵蚀

土壤侵蚀是指土壤及其母质在水力、风力、冻融或重力等外力作用下，被破坏、剥蚀、搬运和沉积的过程。通常分为水力侵蚀、重力侵蚀、冻融侵蚀和风力侵蚀等。其中，水力侵蚀是最主要的一种形式，习惯上称为水土流失。

1.水力侵蚀

水力侵蚀又叫流水侵蚀，指的是由降雨及径流引起的土壤侵蚀，简称水蚀。

（1）面蚀。面蚀是片状水流或雨滴对地表进行的一种比较均匀的侵蚀，主要发生在没有植被或没有采取可靠的水土保持措施的坡耕地或荒坡上。按照外部表现形式可以划分为层状、结构状、砂砾化和鳞片状面蚀等。面蚀引起的地表变化是渐进的，不会被人们觉察，但它对地力减退的速度是惊人的，涉及的土地面积也是较大的。

（2）潜蚀。地表径流集中渗入土层内部进行机械的侵蚀和溶蚀作用，就是潜蚀。举个例子，形态各异的喀斯特地貌就是潜蚀作用造成的。另外，在垂直节理发育的黄土地区这种现象也相当普遍。

（3）沟蚀。集中的线状水流对地表进行侵蚀，切入地面形成侵蚀沟，也会加快水土流失，即所谓的沟蚀。按其发育的阶段和形态特征又可细分为细沟、浅沟、切沟。沟蚀是由片蚀发展而来的，但它不同于面蚀，一旦形成侵蚀沟，土地就会遭到彻底破坏；而且，随着侵蚀沟的不断扩展，坡地上的耕地面积也会随之缩小，将大片土地切割得支离破碎。

（4）冲蚀。主要是指地表径流对土壤的冲刷、搬运和沉积。冲蚀是土壤侵蚀的主要过程，其标志是地表形成大小不等的冲沟，山洪和泥石流就是地表冲蚀的极端发展结果。

（5）溅蚀。主要是指雨滴溅落对土壤颗粒的冲击作用。在坡地，一旦下暴雨，溅蚀作用就会变强。溅蚀是径流冲蚀的前奏，可以改变表层土壤结构，有利于地表径流的发展。研究发现，在黄土地区，雨滴溅起土壤颗粒最高可达50厘米，一次水平移动距离可达1米。

2.重力侵蚀

重力侵蚀一般都发生在深沟大谷的高陡边坡上，是指斜坡陡壁上的风化碎屑或不稳定的土石岩体在重力的作用下发生的失稳移动现象，可分为泻流、崩坍、滑坡和泥石流等类型。其中，泥石流是一种危害严重的水土流失形式。

3.冻融侵蚀

冻融侵蚀主要分布在中国西部高寒地区，在一些松散堆积物组成的坡面上，如果土壤含水量大或有地下水渗出冬季冻结，春季表层就会首先融化，下部仍然冻结。如此就形成了隔水层，上部被水浸润的土体成流塑状态，顺坡向下流动、蠕动或滑塌，形成泥流坡面或泥流沟。这种形式主要发生在土壤水分较多的地段，尤其是阴坡。如春末夏初在青海东部的一些高寒山坡、晋北及陕北的某些阴坡。

4.风力侵蚀

在比较干旱、植被稀疏的条件下，当风力大于土壤的抗蚀能力时，土粒就会被悬浮在气流中。这种由风力作用引起的土壤侵蚀现象就是风力侵蚀，简称风蚀。风蚀发生的面积非常广，除了一些植被良好的地方和水田外，平原、高原、山地、丘陵等地都会发生，只不过程度有所不同而已。风蚀强度与风力大小、土壤性质、植被盖度和地形特征等密切相关；此外，还要受到气温、降水、蒸发和人类活动等影响。土壤水分状况更是影响风蚀强度的极重要因素，土壤含水量越高，土粒间的粘结力越强。

5.人为侵蚀

人为侵蚀是指在利用自然、发展经济的过程中，大量土体被移动，忽视了水土保持，直接或间接地加剧了侵蚀，增加了河流的输砂量。目前主要表现在采矿，修建各种建筑、公路、铁路、水利等工程过程中毁坏耕地、乱堆放废弃物，有的直接倒入河床，有的堆积成小山坡，再在其他营力作用下产生侵蚀。人为侵蚀对黄土高原造成的危害不容忽视，特别是大批露天煤矿的开采等，更使个别地区的水土流失明显加剧。

三、加速侵蚀

1.定义及分类

加速侵蚀是指土壤侵蚀速率大于土壤成土速率的侵蚀过程。通常，以允许土壤流失量的侵蚀速率与成土速率基本平衡，作为衡量加速侵蚀的下限指标。加速侵蚀可以分为人为加速侵蚀和自然加速侵蚀两种。

（1）人为加速侵蚀。主要由人为不当的经济活动，如滥伐森林、开垦陡坡、过度放牧、不合理的耕作及开矿、修路、工程建设等引起。在加速侵蚀中，人类活动的影响会加剧自然侵蚀的速率，这种侵蚀总是过量的。一年甚至几天内流失的表土，相当于正常侵蚀作用下几百年甚至几千年的成土量。

（2）自然加速侵蚀。这种加速侵蚀由自然界在某一时段出现的突发性环境剧变引起，如地震诱发的滑坡、崩塌和泥石流等，天气突变引发的飓风、沙尘暴、暴雨、洪水等，都会引发这种灾害性土壤侵蚀。

自然因素和人为因素的综合影响，加速了侵蚀的发展。而如今的加速侵蚀过程，通常都是人为活动占主导地位。

2.典型代表

加速侵蚀会导致土壤退化和土地沙化，毁坏土地资源，带来大量泥沙沉积，淤塞河湖和坝库，对农、林、牧生产，水利设施，电力和航运建设的危害极大，是水土保持关注的重点。

典型代表就是黄土高原土壤的加速侵蚀。

（1）侵蚀类型。

黄土高原加速侵蚀主要有水力侵蚀、重力侵蚀、风力侵蚀三种。其中，水力侵蚀是以地面水为动力冲走土壤；重力侵蚀来源于土壤及其成土母质自身的重力作用，如果无法继续保留在原来的位置，就会分散或成片地塌落；风力侵蚀是风力扬起的沙粒离开原来的位置，随风飘浮到其他地方降落。

（2）强度等级。

土壤侵蚀强度等级是评定土壤侵蚀强弱的标准，是土壤侵蚀研究的重要问题。中国水利部曾于1985、1997年两次拟定了土壤侵蚀强度等级，但等级划分是针对整个中国而言的，而黄土高原土壤侵蚀有其特殊性。

（3）泥沙输移比。

河流输沙与产沙之间的关系通常用泥沙输移比来表示，即河流某断面的输沙量与该断面以上区域侵蚀液沙量的比值。一般来说，河流输沙量不等于河域产沙量，因为河域在输沙的过程中会伴有泥沙的堆积与侵蚀。但是，黄土高原的河流泥沙以悬移质为主，河流推移质占比不大，泥沙输移比接近1，可以用河流输沙量近似地代替产沙量。

（4）侵蚀空间变化。

六盘山和吕梁山是黄土高原侵蚀强度空间分异的界线，六盘山以西和吕梁山以东绝大部分地区侵蚀强度在第三档以下，只有渭河上游和祖历河区域的侵蚀强度在第四档。

（5）侵蚀时间变化。

1985—2015年的研究数据显示，近三十年黄土高原暖干化趋势明显，风速呈现出显著下降的趋势，水蚀区、风蚀区和风蚀水蚀交错区也经历了同样的气候变化趋势，各区内植被覆盖都呈上升趋势。草地和耕地是黄土高原最主要的两个土地利用类型，过去在黄土高原的土地利用方式中，聚落变化幅度（增加）最大，其次为荒地（减少）。

第二节　土壤污染成因

一、生活性污染造成的土壤污染

生活性污染是指由于粪便、垃圾、污水等生活废弃物处理不当，也就是常见的生活垃圾污染空气、水、土壤及其孳生蚊蝇。随着人口增长和消费水平的不断提高，生活垃圾的数量大幅度上升，垃圾的性质也发生了变化，如生活垃圾中增加了塑料及其他高分子化合物等成分，使无害化处理增加了难度。此外，粪便虽然可以用作肥料，但如果无害化处理不当，也会传播某些疾病。

1. 来源及危害

通常，我们将日常生活中产生的污染统称为生活性污染，其主要来源有生活污水、生活垃圾、人粪尿等。

（1）生活污水。

生活污水的主要来源是洗衣、做饭、洗浴及其他零散用水。生活污水中主要含有氮、磷等污染物，污水不经处理直接排到地面，经土壤下渗或汇入地表水体，就会对地表水及地下水造成直接危害。

生活中使用的各种洗涤剂和污水、垃圾等，多为无毒的无机盐类物质，大多都含有氮、磷、硫和致病细菌，是土壤的主要污染源之一。其危害表现为：

1）会危害到以抽取地下水为主的广大农村地区的饮水安全。

2）一些设有明渠的村子，一旦污水长期蓄积，水体就会发黑变臭，并孳生出大量蚊、蝇，威胁到当地居民的身体健康，还会造成更大范围的地表水体污染。

3）污水灌溉会污染土壤，危害农业生产，最终造成农村自然景观的破坏。

生活污水对土壤的影响主要是由污水中的有毒物质引起的。数据显示，含砷、铬的污水一旦进入土壤，就会积累到农作物体内，有的甚至会超过最大允许值。用未经预处理的生活污水灌溉农田,寄生虫卵就会沉浸在土壤中,继而进入农作物,对农作物造成影响。调查显示,污水灌溉一天后,每百克蔬菜中含蛔虫卵就会增加到50个。此外,如果污水的含盐量高,土壤还会盐碱化,甚至重金属等有害物质还会对土壤造成大面积污染。

（2）生活垃圾。

堆放的生活垃圾,不仅会侵占大量土地,垃圾中还含有塑料袋、废金属等有害物质。一旦遗留在土壤中,无法降解,就会严重腐蚀土地,造成土壤污染,并危害农业生态和水源。

生活垃圾来源广泛,污染物成分也比较复杂。随着生活水平的提高,物质消耗的丰富,垃圾的组成成分也变得更加复杂。

尤其是在农村,基础设施普遍不配套,生活垃圾堆放无序,对土壤造成了更加严重的危害,成为多种致病病原微生物和病毒的孳生地。目前,即使在有较好管理措施的村镇,生活垃圾的处理也仅限于简易的堆存或填埋,没有配备防渗衬垫及垃圾渗滤液污水处理设施,依然存在直接危害及污染。

（3）人粪尿污染。

人粪尿里含有大量氮、磷、有机污染物及病原微生物,这些污染物会随着粪水渗入土壤,并进入地下水或随雨水流入地表水体;粪便中产生的以氨气为主的有害气体、粉尘和微生物等,会使粪便发出恶臭,造成空气污染,继而对人健康产生不良影响。未得到妥善处理的人粪尿堆积,不仅有恶臭、能招来蚊蝇、传播疾病,还会对土壤及地下水造成严重威胁;尤其是氮、磷污染,还会直接导致水体富营养化。

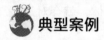
典型案例

废电池的危害

废电池污染及其处理,是目前社会最为关注的环保焦点之一。随着电池的种类、生产量和使用量的不断扩大,废旧电池的数量和种类也大幅增加。

废旧电池中,不仅含有汞、铅、镉、镍等重金属,还含有酸、碱等电解质溶液,会对土壤造成不同程度的危害。其中,危害较大、危险系数最高的废电池有:含汞电池,主要是氧化汞电池;铅酸蓄电池;含镉电池,主要是镍镉电池。资料显示,一节一号电池烂在地里,能使一平方米的土壤永久失去利用价值。电池污染周期长、隐蔽性大,潜在危害严重,处理不当,还会造成二次污染。

目前,虽然我国一些大型电池生产企业已经开始生产无汞电池,但因为含汞电池价格低、应用广、销售量大,多数中小企业依然在生产含汞电池。一旦将废电池随意扔在地上,电池中的汞就会慢慢从电池中溢出来,进入土壤,之后再通过农作物进入人体,对人的肾脏造成伤害;镉一旦渗出来,也会污染土地,继而进入人体,损坏人的肝肾,还能引起骨质松软,造成骨骼变形。此外,汽车废电池中还含有酸和重金属铅,一旦泄漏到土壤,也会污染土壤。

铅酸蓄电池主要应用在汽车、电动自行车、通信备用电源和应急电源等方面。而镍镉电池则普遍用于手机、电动工具、电动玩具等方面,是一种可充电电池。

二、工业废水造成的土壤污染

工业废水是指工业生产过程中产生的废水和废液,含有随水流失的工业生产用料、中间产物、副产品以及生产过程中产生的污染物,主要包括生产废水、生产污水及冷却水等。

1.不同种类

工业废水种类繁多,成分复杂,通常有以下三种:

(1)按工业废水中所含主要污染物的化学性质进行划分,主要有含无机污染物为主的无机废水和含有机污染物为主的有机废水。例如,电镀废水和矿物加工过程的废水是无机废水,食品或石油加工过程的废水是有机废水。

(2)按工业企业的产品和加工对象进行划分,主要有冶金废水、造纸废水、炼焦煤气废水、金属酸洗废水、化学肥料废水、纺织印染废水、染料废水、制革废水、农药废水、电站废水等。

(3)按废水中所含污染物的主要成分进行划分,主要有酸性废水、碱性废水、含氰废水、含铬废水、含镉废水、含汞废水、含酚废水、含醛废水、含油废水、含硫废水、含有机磷废水和放射性废水等。

前两种分类法不涉及废水中所含污染物的主要成分,也不能表明废水的危害性。

2.对土壤的影响

工业废水一旦流入渠道、江河、湖泊,就会污染地表水。如果毒性较大,会导致水生动植物的死亡甚至绝迹。此外,工业废水还可能渗透到地下水,污染地下水。

工业废水渗入土壤,会严重污染土壤,影响植物和土壤中微生物的生长。其中的有毒、有害物质,一旦被动植物摄食和吸收,就会通过食物链到达人体内,对人体造成危害。

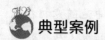 **典型案例**

中国的"常外事件"

常州外国语学校是江苏省一所初中学校。从2015年年底开始，先后有6百多名学生被送到医院进行检查，493人出现皮炎、湿疹、支气管炎、血液指标异常、白细胞减少等异常症状，个别人还被查出了淋巴癌、白血病等恶性疾病。

后经调查发现，当地之所以会在短时间内出现这种群体性症状，与该地块的土壤污染有着直接关系。原来，在学校北边的一片工地上建有三家化工厂：常隆化工、长宇化工和华达化工。常隆化工一名老员工的生产日志记录显示：工厂涉及克百威、灭多威、异丙威、氰基萘酚等剧毒类产品，有些职工为了省事，不仅将有毒废水直接排出厂外，还将危险废物偷偷埋到地下。如此，就为土壤带来了很大隐患。

报告显示，该地块的土壤主要以氯苯、四氯化碳等有机污染物为主；萘、茚并芘等多环芳烃严重超标；金属汞、铅、镉等重金属污染物严重超标。其中，污染最重的是氯苯，在土壤中的浓度超标为78 899倍，四氯化碳浓度超标为22 699倍，二氯苯、三氯甲烷、二甲苯总和高锰酸盐的指数超标有数千倍。这些污染物都是致命的致癌物，长期接触，会导致白血病、肿瘤等。

三、农业污染造成的土壤污染

农业污染是指在农业生产和居民生活过程中产生的、未经合理处置的污染物对土壤造成的污染。这种土壤污染位置不明确，途径不清晰，数量不确定，随机性大，发布范围广，防治难度大。其主要来源有两个：一是农村居民的生活废物；二是农作物的生产废物，包括农业生产过程中不合理使用而流失的农药、化肥，残留在农田中的农用薄膜以及处置不当的畜禽粪便等。

1.污染现状

2004年4月上旬，76个蔬菜样品被送到山西省农业环境检测中心的化验室，检测结果令所有人大吃一惊，农药、重金属等超标的蔬菜共有45个，超标率为59.2%。其中，白菜、菠菜等叶类蔬菜超标明显高于西红柿、茄子等果类蔬菜，个别蔬菜中的汞含量甚至高出正常值的一倍多。为何会出现这种状况呢？原因就是土壤遭受污染。

为了使土壤肥沃，农民大量使用化肥，而施用的化肥中，只有1/3被农作物吸收，1/3会直接进入大气，剩余的1/3则留在土壤中。大量盲目施用化肥，不仅无法推动农作物增产，还会破坏土壤的内在结构，造成土壤板结，地力下降。其有害物质一旦进入土壤，还会造成作物的污染。

近年来，在畜牧业规模养殖迅速崛起的同时，牲畜粪造成的农业污染也呈现出加重的趋势。许多大中型畜禽养殖场缺乏处理能力，将粪便倒入河流或随意堆放。这些粪便进入土壤或渗入浅层地下水后，会大量消耗氧气，使土壤中的其他微生物无法存活，从而产生严重的"有机污染"。据调查，养殖一头猪产生的污水，相当于七个人生活产生的废水。

2.污染后果

调查表明，化肥的超量使用会直接导致地表及地下水污染加剧，而农药的滥用致使其在环境及农副产品中的残留超标。目前使用的农药中以杀虫剂为主，约占农药总用量的78%，其中又以甲胺磷、敌敌畏等毒性较高的品种使用最多。这些物质都会对土壤和环境造成严重污染。

（1）土壤受到污染，土壤物理性质恶化。化肥由各种不同的盐类组成，长期被用于农业生产，以便增加粮食产量。可是，很多人不知道的是，化肥一旦进入土壤，就会增加土壤溶液的浓度，产生大小不同的渗透压，农作物的根细胞不但无法从土壤溶液中吸收水分，反而还会让细胞质中的水分倒流入土壤溶液，伤害农作物。典型的例子就是作物"烧苗"。长期过量而单纯地施用化学肥料，会使土壤酸化、胶体分散、结构破坏。同时，大量施用农药，会造成农药残留，有些农药甚至还会深入地下水，对水源造成污染。

（2）食品、饲料和饮用水中有毒成分增加。亚硝酸盐的生物毒性比硝酸盐大5~10倍，亚硝酸盐与胺类结合形成的N-亚硝基化合物则是一种强致癌物质。使用化肥地区的井水或河水中的氮化合物含量会增加，甚至超过饮用水标准。

3.防治措施

要想成功防止农业污染，就要采取下列一些措施：

（1）实行清洁生产。要想保障农产品质量安全，不仅要把好"入口关"，更要从源头抓起，而这个源头就在地里田间，在农业生产的整个过程中。农业清洁生产由三个环节构成：一是使用原材料的清洁生产，二是生产过程的清洁生产，三是产品的清洁生产。在肥料中加拌高毒农药，生产过程中过量施用农药，农作物上喷洒农药，每一环节都存在有悖于清洁生产原则的情况。同时，农业生产过程中，超量使用有机类剧毒农药，还会造成土壤污染，这也会影响农产品的生产安全。因此，要想控制农业污染，首先就要推行农业的清洁生产。

（2）使用化肥。具体表现为：

1）科学施用钾肥。施用钾肥时，要因地制宜，综合多种因素进行考虑，同时与氮、磷肥和微肥等配合施用。

2）科学施用磷肥。磷肥施入土壤后会呈现出两个特点：一是在土壤中移动性很小，移动半径不会超过0.5~1厘米范围；二是容易被土壤中两价阳离子固定。如此造成的直接后果就是，作物根系吸收利用困难，降低肥效。

3）广泛施用有机肥。有机质是作物营养元素的主要来源，也是作物所需的各种微量元素的源泉。另外，还能促进土壤有益微生物的活动，形成土壤团粒结构，提高土壤保水、保肥和缓冲等能力。

4）积极推广微生物肥料。土壤中的有机物质及施用的厩肥、人粪尿和绿肥等，很多营养成分在未分解前作物是无法吸收利用的，只有通过微生物将它们分解，变成可溶性物质，才能被吸收利用。因此，要积极推广微生物肥料。

5）积极推广垃圾堆肥。垃圾堆肥和垃圾复合肥的出现，既处理了城市垃圾，防止了污染，又生产出了能够满足农业需要的高质量有机肥，具有积极的社会效益和经济效益。

（3）借鉴海外经验。1972年美国在《清洁水法》中，第一次将面源污染纳入国家法律，并提出了著名的"最大日负荷量计划"。1977年的《清洁水法》规定，对农业面原污染采取防治措施者，政府分担一部分费用；自愿采取其他措施的，政府给予减免税额等。此外，1992年日本的农林水产省在其发布的"新的食物、农业、农村政策方向"（通称"新政策"）中首次提出了"环境保全型农业"的概念，致力于"环境保全型"农业的推进。之后，随着"环境保全型"农业的提出，还相继出台了一系列促进环保型农业的法律。

（4）阻断"循环链"。如今，农村流行的沼气池解决了粪便回收利用、节约农业能源等问题；绿色生态农业解决了无化肥污染的有机化问题。可是，这些措施针对的都只是一个方面。其实，现在的环境污染，如土壤污染、地下水污染、地表水污染、大气中的酸雨等，表面上看起来互不相干，其实它们之间都是相互作用、相互影响的。比如，过量施用氮肥，大量流失的废氮就会污染地下水，使湖泊、池塘、河流和浅海水域生态系统营养化，导致水藻生长过盛、水体缺氧、水生生物死亡；施用的氮肥一旦挥发出来，就会以一氧化二氮（N_2O）气体的形式逸失到空气里，一旦过量，就会形成"从地下到空中"的立体污染。

治理农业污染，不应该将注意力集中在出现问题的地方，还要考虑到污染存在于一个大循环体中，涉及多种污染物质的交换、转变和迁移。只有控制好整个"立体污染"的循环链，隔绝污染渠道，才能从根本上解决农业污染问题。

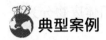 典型案例

地膜冰火两重天

地膜是一种塑料薄膜，铺在土地上，可以增温、保湿、保土、保肥、防虫等。尤其是对干旱贫瘠的土地，更能够增产增效。近年来，我国地膜覆盖面积和使用量一直都居于世界第一，每年的使用量超过100万吨，覆盖面积超过两亿亩。但是，地膜的使用也对土壤造成了危害。

目前我国地膜污染最严重的地区当属新疆的棉花种植区。数据显示，在新疆地区棉田中，地膜残留量平均每公顷约500斤，且覆膜年限越长，污染越严重，最严重污染田块农用地膜残留量高达每公顷597公斤。通常，1公顷土地大约需要使用60公斤地膜，597公斤的地膜残留量相当于该片田地已经覆盖了10层地膜。

四、尾气排放造成的土壤污染

机动车燃料不能完全燃烧，排出的尾气就会对大气造成的污染，主要有一氧化碳、氮氧化合物、碳氢化合物等。

过去很多年，在车水马龙的街头，经常会看到一股股浅蓝色的烟气从机动车尾部喷出，这就是通常所说的汽车尾气。这种气体排放物不仅气味怪异，还会让人感到头昏、恶心，影响人的身体健康。

在车辆不多的情况下，大气依靠自净能力完全可以化解汽车排出的毒素。可是随着汽车数量的急剧增加，交通拥堵成了家常便饭，汽车尾气更是害人不浅。科学分析表明，汽车尾气中含有严重的污染物，固体悬浮微粒、一氧化碳、二氧化碳、碳氢化合物、氮氧化合物、铅及硫氧化合物等，一旦落入土壤，就会污染土质。

汽车的内燃机就是一座小型化工厂，会消耗大量石油资源。汽油燃烧会产生许多复杂的化学反应，排放出大量温室气体，加剧温室效应。此外，尾气中的二氧化硫还具有强烈的刺激气味，一旦达到一定浓度，就会直接易导致"酸雨"的发生，造成土壤酸化，影响农作物和植物的生长。

五、固体废物造成的土壤污染

固体废物来源广、种类多、数量大、成分复杂，不妥善收集、利用和处理，会污染大气、水体和土壤，危害人体健康。

1.固体废物种类

固体废物是指在生产建设、日常生活和其他活动中产生的污染环境的固态、半

固态废弃物质。《中华人民共和国固体废物污染环境防治法》，把固体废物分为以下三类：

（1）工业废物，是指在工业生产活动中产生的固体废物，如钢渣、锅炉渣、粉煤灰、煤矸石、工业粉尘等，对土壤的危害性较小。

（2）生活垃圾，是指在日常生活中产生的固体废物。

（3）危险废物，是指列入国家危险废物名录或根据国家规定的危险废物鉴别标准和方法认定的具有危险特性的废物，即指具有毒性、腐蚀性、反应性、易燃性等特性。

2.对土壤的危害

固体废物长期露天堆放，其有害成分在地表径流和雨水的淋溶、渗透的作用下，就会通过土壤孔隙向四周和纵深的土壤迁移。在迁移过程中，有害成分要经受土壤的吸附和其他作用。通常，由于土壤的吸附能力和吸附容量很大，随着渗滤水的迁移，有害成分就会在土壤固相中呈现不同程度的积累，导致土壤成分和结构的改变，间接对植物产生污染，有些土地甚至无法耕种。

固体废物占用大量的土地，会对土地造成严重污染。截止到2003年，我国工业固体废物历年累计堆存量89.7亿吨，占地63 241公顷。随着时间的不断向前推移，固体废物堆存量会逐年增多，如此就会加剧耕地的短缺。此外，固体废物渗滤液所含的有害物质会改变土壤结构，影响土壤中微生物的活动，妨碍植物根系生长。

同样，堆放和填埋的废物及渗入土壤的废物，经挥发和反应放出有害气体，也会污染土壤并使土壤质量下降。如焚烧炉运行时会排出颗粒物、酸性气体、未燃尽的废物、重金属与微量有机化合物等。此外，填埋在地下的有机废物分解会产生二氧化碳、甲烷（填埋场气体）等气体，任其聚集会发生危险，引发火灾，甚至发生爆炸。例如，美国旧金山南部的山景市，在该城旧垃圾掩埋场上修建了海岸圆形剧场。在1986年10月的一次演唱会中，一名观众用打火机点烟时，一道5英尺长的火焰冲向天空，差点引发火灾。原因是从掩埋场冒出的甲烷气，正是把打火机的星星之火变为熊熊大火的罪魁祸首。

有些未经处理的垃圾填埋场或垃圾箱，经雨水的淋滤作用或废物的生化降解产生的沥滤液，含有高浓度悬浮固态物和各种有机与无机成分。这种沥滤液一旦进入土壤，问题就会变得无法控制，不仅会使地下水在不久的将来变得不能饮用，还会使当地变得不能居住。

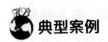
典型案例

美国"拉夫运河事件"

"拉夫运河事件"是世界知名的危险废弃物填埋污染事件之一。这一教训直接促使美国政府出台法律,设立了"超级基金",花费巨资治理历史遗留的"毒地"。

拉夫运河位于纽约,临近著名的尼亚加拉大瀑布。当初之所以要修建这条河,它是为了沟通伊利湖和安大略湖两大水系,同时为当地工业提供水电。但由于资金问题,只挖了1.6公里。1942年美国胡克公司买下了这条运河用作填埋场,1942—1953年总共填埋了2万多吨工业废弃物。

1953年,胡克公司将这条被填埋的拉夫运河以1美元的价格出售给尼亚加拉瀑布学校董事会。之后,该董事会决定在那里建造了一所小学,与之相配套的居民社区快速发展起来。可是,随着时间的推移,填埋在地下的化学废弃物侵蚀封存容器,陆续渗入土壤。

20世纪70年代末,经过多年的雨水冲刷,废弃物渗到当地居民的院子和地下室。紧接着就发生了一系列异常现象:流产率提高、婴儿出生缺陷、工人出现精神疾病甚至罹患癌症,妈妈的乳汁还被检测出毒素……经过媒体报道,这一事件快速发酵。随着纽约州环保部门的介入,真相浮出水面:当地土壤中含有82种化学复合物,其中11种是致癌物。

美国政府非常重视,立刻将约950户家庭转移到其他地方,同时致力于当地污染物的清理。经过多年的努力,终于在2004年宣告完成,整整花费了24年,耗资4亿多美元。

第三节 植树造林,改善土壤

一、植树造林,绿化环境

植树造林是新造或更新森林的生产活动,是培育森林的基本环节。

植树造林可使水土得到保持,如果植被覆盖率低,每逢雨季就会有大量泥沙流入河里,把田地毁坏,把河床填高,把入海口淤塞,危害极大。要想抑制水土流失,就必须植树造林。

树木根系庞大,能像巨手一般牢牢抓住土壤,而被抓住的土壤的水分又会被树根不断地吸收蓄存。据统计,一亩树林能比无林地区多蓄水20吨左右。由此可见,要想治理沙化耕地，控制水土流失，防风固沙，增加土壤蓄水，改善生态环境，减轻洪涝灾害的损失，就要植树造林；而且，如今经济林已经陆续进入成熟期，能够产生巨大的直接经济效益和间接经济效益，还能提供大量的劳动和就业机会，促进当地经济的可持续发展。

植树造林的方法主要有：

1.直播造林法

直播造林法又称为播种造林法，具体方法是将种子种到适合造林地的区域之内，造林方法比较简单，省时省力。如此，在造林过程中，不用对树苗提前进行培育和移栽。

这种造林方法比较适合在大面积的造林场地内使用，但是对造林地的要求较高，树种的来源要广泛，同时树种的颗粒还要比较大、容易发芽、成活率高。

此外，还要选择水分充足的区域，出现自然灾害和病虫害的频率还要较小。这种造林方法也比较适合那些人烟稀少的地区。直播造林法分为穴播、条播、封播、撒播和块状播种等几种，在播种之前需要对种子进行有效的消毒处理，并提前对其进行浸泡，促其提前萌发，提高种子的出芽率和成活率，从而提高工作的效率。

2.移植造林法

移植造林又被称为植苗造林法，主要是经过一段时间培育，用具有完整根系的树苗进行造林。这种造林方法是目前人工造林中使用比较频繁的一种，与直播造林法相比较，具有以下几方面的优势：

首先，可以节省很多种子，提高树苗的成活率。

其次，对恶劣环境和不同林地的适应性较高，抵抗自然灾害的能力较强，能大大提高种子的成活率。

最后，培育成功的树苗对造林地的适应性较强，能够切实提高森林的整体效益。

需要注意的是，在进行移栽的过程中，要对苗木的根部进行全面保护，运输过程中不要对苗木的根部造成损伤和挤压，要尽量缩短移栽的时间，最好随时起苗、随时种植。

3.分殖造林法

分殖造林法是利用树木的枝干等营养器官作为材料直接造林，能够有效节省育苗时间和各种人工费用，操作也非常简单，能切实提高人工操作效率。

分殖造林法有着较高的成活率，但采用这种造林方对造林地的选择上有着较高的要求，且分支材料的来源要受到母树数量和质量以及分布地区的限制；同时，对树种的要求也较高，如分殖的出芽率要高、树种的来源要广泛。采用这种造林法比较合适的树种有杨树、柳树等。

二、美化城市，创建"花园城市"

美化城市运动主要指19世纪末、20世纪初，欧美许多城市针对日益加速的郊区化倾向，为恢复城市中心的良好环境和吸引力而进行的城市"景观改造运动"。

"花园城市"的思想从萌芽状态起就表现出强烈的政治性、思想性和社会性，也因其历史发展阶段、国家和地区、民族与文化的不同有着不同的时代观念、文化内涵、民族特征以及地域风貌。这一概念最早在1820年由著名的空想社会主义者罗伯特·欧文提出。

中国"园林城市"的建设实践已有近十年，共诞生了有十二个"园林城市"，还有不少城市正朝着这一目标而努力。十二座"园林城市"的绝大多数都位于中国的发达地区，如北京、南京、杭州等历史文化名城，以及大连、厦门、威海、湛江、珠海等海滨城市。

案例1：广东省湛江市

广东湛江享有"花园城市""小巴黎""北有青岛，南有湛江""中国的日内瓦"等美誉。

1959年3月7日，全国各地的代表来到湛江。大家被湛江独特的北热带风光所吸引：蓝天、白云、碧海、绿树、红花构成了一幅美轮美奂的风景画，整齐的路树，不同街道树种各异；围墙分割形成的园庭，花木翠蔓；树下的花坛千姿百态、五彩缤纷……整个城市被编织成一张绿色的林网，郁郁葱葱。他们脱口齐赞：湛江真是一座花园城市。这一称号立即在代表中传颂，很快湛江就获得了"花园城市"的称号；2006年1月23日升级为"国家园林城市"。

为了"花园城市"这个称号，当地人民开展群众性植树运动，美化湛江、绿化湛江，短短几年时间，就植树6 000多万棵，绿地面积达4万多亩，并在绿化和布局风格上自成体系。此外，湛江人民还以义务劳动的形式建成了海滨公园和西山公园（今称金桥公园）。据说，与会者原定在湛江仅参观几天，结果被美景吸引，结果会议到1959年3月19日才闭幕，人们在湛江一共停留了12天。整个会议历时一个月，是建国后规模最大、时间最长、反响最强烈的一次林业会议，也是对湛江"花园城市"称号的首次肯定。

案例2：内蒙古包头市

20世纪50年代的包头，城区只有南门外大街的4棵柳树和59棵小叶杨。现今，包头市却获得了"国家园林城市"和"国家森林城市"两个头衔。城市绿化、森林覆盖率、珍稀树种乃至珍稀物种的增加，对这片在几近干旱荒芜的土地上发展崛起的重化工业城市来说，实在是来之不易。

包头市绿化面积达到211.84公顷,城市街道宽阔整洁、高楼林立、绿树成荫,城市广场风格各异、小区景点比比皆是。到目前为止,全市已建成公园10处,街头景点80多处,大型绿化广场17个……花园型城市已悄然形成。

位于包头市中心的赛汗塔拉草原是全国唯一的都市草原,城中有草原,草原中有城市,特色独具,是大自然的奇迹。为适应生态包头的建设需要,包头市以市区为中心,向外辐射形成以绿色通道为纽带,建设了包头城区森林生态圈、近郊森林生态圈和远郊森林生态圈,形成了"三圈一带"的城市森林建设总体格局。相信,"半城楼房半城树"的包头,定然会在人与林草的和谐共处中大步向前。

第五章 还我清新海世界

第一节 生命的摇篮——海洋

海洋是生命的摇篮。地球上的原始生命来源于海洋，而现有的各种植物、动物包括人类都是原始生命的后裔及发展。

一、摇篮的形成

今天，地球上约有70%的面积被水覆盖，地球上95%左右的水存在于海洋中，地球上97%左右的生物也生存于海洋里。

在地球形成的最初阶段，星际碰撞不间断并且有规律地发生着，同时大量的尘埃被释放到大气中，遮住了所有的阳光，使地球陷入无边的黑暗之中。

大约44亿年前，由于行星撞击次数的减少使岩浆的活动减弱，地球的表面开始冷却。渐渐地，冷凝的岩浆变成了一层薄而黑的地壳覆盖在地球上。虽然行星撞击和火山喷发会频繁地把地壳撕开，将炽热的岩浆喷向天空。但是，随着撞击次数的不断减少、冷却的不断进行，地球表面形成了越来越厚的地壳，从而形成地球。

地球形成之后，随着地壳逐渐冷却，大气的温度也慢慢地降低，水汽变成水滴。但由于冷却不均，经常电闪雷鸣，雨水积聚起来，这就成为原始的海洋。我们都知道海水是咸的，这是因为海水里含有溶解的矿物质，主要是钠和氯，这两种物质结合就形成了氯化钠，也就是我们平时说的盐。海水中水与盐的比例大约是200∶7。不过，原始的海洋可不是咸的。原始海洋是酸性并且缺氧的。因为那时候大气中没有氧气，也没有臭氧层，紫外线可以直达地面。直到6亿年前的古生代，海洋中有了海藻，它们在阳光下进行光合作用，产生了氧气，而后才慢慢形成了臭氧层。此时，生物才开始登上陆地，原始海洋逐渐演变成了今天的海洋。

二、生命的起源

早期的地球没有任何生物。因为陆上有大量的紫外线和很不稳定的条件，原始生命不大可能起源于陆上。所以，一般认为原始生命起源于海洋。同时，靠海水的保护，生物首先在海洋里诞生。大约在38亿年前，即在海洋里产生了有机物，先有低等的单细胞生物。

现在的化石材料表明，生命起源和早期进化的过程经历了化学进化、原核细胞的出现和进化、真核细胞的出现和进化几个阶段。这些化石都产于沉积岩，表明真核生物也是在海洋中进化出来的。原核生物进化的时间很长，但进化的速度很缓慢。真核生物出现以后，出现了真正的性别，进化的速度也大大地加快：在大约10亿年前开始出现了多细胞的动物；到了距今5亿多年的寒武纪，海洋里已长满了多种海藻，而且带骨骼的各门类的无脊椎动物也出现了；以后又出现了脊椎动物；在前寒武纪的末期，大气上层逐步出现和形成臭氧层，为生物上陆生活创造了条件。在寒武纪以后，生物成功地上陆生活，包括人类在内所有的生物进化与发展由此开始。

第二节 愤怒的海洋

一、可怕的风暴潮

风暴潮是由于剧烈的大气作用，如强风和气压变化很快导致海水异常升降，同时和潮汐叠加，形成的风暴潮，又称为"风暴海啸""气象海啸"或"风潮"，其破坏力强。风暴潮根据风暴的性质，通常分为温带风暴潮和台风风暴潮两大类。温带风暴潮，多发生于春秋季节，夏季也时有发生；台风风暴潮，多见于夏秋季节。风暴潮可分为三个阶段：

第一阶段，即在台风或飓风还远在大洋或外海尚未到来之前，我们在潮位观测中已能观察到缓慢的波动，称为"先兆波"，但有时这种征兆并不明显。

第二阶段，风暴已逼近或过境时，水位急剧升高，潮高能比正常值高出数米，称为"主振"，招致风暴潮灾主要在此阶段，时间一般为数小时或1天。

第三阶段，当风暴过境以后，往往还存在一种假潮或"边缘波"，谓之余振，可达2~3天。如果它的高峰恰巧与正常潮汐的高潮相遇时，则实际水位有可能超出该地的"警戒水位"，造成二次侵害。

对风暴潮如不做好准备，其破坏是巨大的。例如，荷兰的齐德尔在1 000年前是一片富饶的土地，历经4次风暴潮，死亡数十万人，变成一片泽园。又如，1953年2月发生在荷兰沿岸的风暴潮，水面高出正常水位3米多，海水似洪水猛兽，冲毁了防护坝，淹没土地8万英亩，造成2 000人死亡，损失2.5亿美元。再如，1970年11月12—13日发生在孟加拉湾的风暴潮，最大增水超过6米，导致20余万人死亡。我国平均每年出现增水1米以上的风暴潮约为14次，最为严重的是1922年8月2日汕头地区的风暴潮，曾造成7万余人死亡。

海洋学家近期发现，在我国北方的渤、黄海还存在一种有别于上述两类风暴潮的"风潮"，即在春、秋过渡季节，由寒潮或冷空气所激发，其特点是水位变化持续而不急剧。显然，无论哪一类风暴潮，袭击的地区都是海滨地带。据历史资料记载，世界上受风暴潮影响较大的地区有日本沿岸、美国东海岸、墨西哥湾沿岸、孟加拉湾沿岸和太平洋赤道以北的一些群岛。

1969年8月17日，在美国墨西哥湾沿岸登陆的卡米尔飓风引起的风暴潮为7.5米，是迄今世界最高纪录。我国沿岸也是受风暴潮危害较大的地区。据统计，渤海湾至莱州湾沿岸、江苏小羊口至浙江北部海门港、浙江省温州和台州地区、福建省宁德地区至闽江口附近、广东省汕头地区至珠江口、雷州半岛东岸和海南岛东北部等岸段是风暴潮的多发区。我国有验潮记录以来的最大风暴潮记录是1980年7月雷州湾南端出现的台风风暴潮，高达5米，名列世界第三位，是由8月7号台风引起的。

我国风暴潮的特点是：一年四季均有发生，夏秋季台风多，多发区集中在东南沿海和华南沿海；冬季受寒潮、大风和气旋影响，常在北部海区引发风暴潮。这些风暴潮与世界其他地区相比，次数偏多，潮位高度大，规律也比较复杂。

二、红色幽灵——赤潮

赤潮又称红潮，也称它为"红色幽灵"。海水中的某些植物、动物或细菌在特定的环境条件下暴发性繁殖或聚集而引起海水变色的一种有害现象。赤潮发生时，海水变得黏黏的，还会发出一股腥臭味，颜色大多都变成红色或近红色。

赤潮虽然自古就有，但随着工农业生产的迅速发展，水体污染日益严重，赤潮也日趋严重。我国自1933年到1994年，我国共有194次较大规模的赤潮，其中20世纪60年代以前只有4次，1990年后则有157次。赤潮不仅给海洋环境、海洋渔业和海洋养殖业造成严重危害，而且对人类生活甚至生命都有影响。其主要表现在两方面：

第一，引起海洋异变，局部中断海洋食物链，使海域一度成为死海。

第二，有些赤潮生物分泌毒素，这些毒素被食物链中的某些生物摄入，如果人类再食用这些生物，则会导致中毒甚至死亡。

赤潮的产生原因主要是以下几个方面：

1.浮游生物

海洋浮游生物缺乏发达的运动器官，没有或仅有微弱的游泳能力而悬浮在水层中常随水流移动的一类海洋生物。其中，能通过自身光合作用使海水中的无机化合物转化成生物新陈代谢所需有机化合物者，我们称之为浮游植物，不具备这种能力，即必须以浮游植物为饵者则称为浮游动物。据初步统计，世界各大洋中能形成赤潮的浮游生物有180余种，其中在中国浮游生物名录上登载的有63种。

2. 人类活动

随着现代化工、农业生产的迅猛发展，沿海地区人口的增多，大量工农业废水和生活污水排入海洋。同时，由于沿海开发程度的增高和海水养殖业的扩大，也带来了海洋生态环境和养殖业自身污染问题；海运业的发展导致外来有害赤潮种类的引入；全球气候的变化也导致了赤潮的频繁发生。海水养殖的自身污染亦是诱发赤潮的因素之一。

3. 海水富养

海水富营养化是赤潮发生的物质基础和首要条件。由于城市工业废水和生活污水大量排入海中，使营养物质在水体中富集，造成海域富营养化。此时，水域中氮、磷等营养盐类，铁、锰等微量元素以及有机化合物的含量大大增加，促进赤潮生物的大量繁殖。赤潮检测的结果表明，赤潮发生海域的水体均已遭到严重污染，富营养化，氮磷等营养盐物质大大超标。

4. 海水温度

水文气象和海水理化因子的变化是赤潮发生的重要原因。海水的温度是赤潮发生的重要环境因子，20~30 ℃是赤潮发生的适宜温度范围。科学家发现，一周内水温突然升高大于2 ℃是赤潮发生的先兆。海水的化学因子，如盐度变化也是促使生物因子——赤潮生物大量繁殖的原因之一。盐度在26%~37%的范围内均有发生赤潮的可能，但是海水盐度在15%~21.6%时，容易形成温跃层和盐跃层。温、盐跃层的存在为赤潮生物的聚集提供了条件，易诱发赤潮。由于径流、涌升流、水团或海流的交汇作用，使海底层营养盐上升到水上层，造成沿海水域高度富营养化。营养盐类含量急剧上升，引起硅藻的大量繁殖。这些硅藻过盛，特别是骨条硅藻的密集常常引起赤潮。这些硅藻类又为夜光藻提供了丰富的饵料，促使夜光藻急剧增殖，从而又形成粉红色的夜光藻赤潮。

三、滔天巨浪的海啸

由海底地震、海底火山爆发、水下塌陷和滑坡等原因引起海水的长周期波动叫海啸。发生时海水激荡、上涌形成惊涛骇浪，声如虎啸，因而称之为海啸。

海啸是一种波长为几十米至几十千米、周期为2~200分钟的重力长波。传播到接近海岸地带，由于水深度逐渐变浅，海底阻力加大，波浪变形，波高急剧增大（可达10余米），便形成巨浪冲向陆地。因能量集中，所以常造成严重的灾害。强大的低气流通过洋面时产生的海啸，称为风暴海啸。

海啸波长比海洋的最大深度还要大，在海底附近传播也没受多大阻滞。不管海洋深度如何，波都可以传播过去。海啸在海洋的传播速度为每小时500~1 000千米，而相邻两个浪头的距离可能达500~650千米。当海啸波进入陆棚后，由于深度变浅，波高突然增大，它的这种波浪运动所卷起的海涛，波高可达数十米，并形成"水墙"。

由地震引起的水体波动与海面上的海浪不同，一般海浪只在一定深度的水层波动，而地震所引起的水体波动是从海面到海底整个水层的起伏。此外，海底火山爆发、土崩及人为的水底核爆炸也能造成海啸。

当海啸波进入大陆架后，由于深度变浅，使得海啸的波高陡然增大，并且由此而掀起的海浪可以达到几十米。不过，尽管海啸的传播速度十分快，但是在海洋深度比较大的地方，海啸并不会带来任何危险，一旦海啸到达浅水区，便会对人类的生命与财产造成巨大的伤害。

海啸按照其机制可以分为以下两种类型：

1. "下降型"海啸

"下降型"海啸是指某些构造地震引起的海底地壳大范围的急剧下降，海水首先朝着突然错动下陷的空间流去，并在其上方进行大规模的积聚，当流入的海水在海底遭遇到阻力之后，便会翻回到海面并产生压缩波，从而形成长波大浪且朝着四周不断地传播与扩散。这种海底地壳运动所导致的海啸最初会令海岸出现异常退潮的现象。简单地说，若是海岸突然出现异常的退潮，很有可能是海啸到来的前兆。

2. "隆起型"海啸

"隆起型"海啸是指某些断层地震引起海底地壳剧烈上升，使得海水随着隆起的部分不断上升，并且还会在隆起的上方聚集大量的海水。由于受到重力的影响，海水必须保持一个等势面，这样才能实现相对的平衡。因此，这种海啸会令海水从波源区不断朝着四周扩散，并且还会形成巨大的波浪。这种海啸最初的预兆是会表现出异常的涨潮现象。

在地球这个蓝色的星体之上，大海的力量是所有自然界中最令人捉摸不透的。自古以来，来去神秘且又可以导致人类灭亡的海啸不止一次袭击着人类，它总以排山倒海之势将一座又一座的城市淹没。因此，人类只有首先对海啸有所了解，才能有效地减少因此而带来的灾难。

第三节 解开海洋污染的面纱

一、什么是海洋污染

海洋污染是指人类活动排放的污染物进入海洋，破坏海洋生态系统，引起海水质量下降的现象。由于海洋巨大的容量和稀释能力，人们以前一直很少关注海洋污染问题。随着20世纪70年代以来一些海洋环境问题的日渐突出，海洋中的污染及其防治才开始逐渐得到重视。

随着世界人口的急剧增长，以及各种工业垃圾和生活废物数量的增加，人类向海洋倾入了大量垃圾废物。尤其是来往于大洋间的10万吨超级油轮越来越多，一次触礁或撞船等事故的发生，往往会造成几万至几十万吨以上的石油污染，加上工业废水、农业化肥、放射性核燃料的排放，严重威胁了海洋鱼类等生物的生存。一些有害、有毒物质长期在这些生物体内聚积，人类一旦吃了这些被污染的海产品，将会导致大规模病害。

由于密集的人口和工业，大量的废水和固体废物倾入海水，加上海岸曲折造成水流交换不畅，使得海水的温度、pH值、含盐量、透明度、生物种类和数量等性状发生改变，对海洋的生态平衡构成危害。目前，海洋污染突出表现为石油污染、有毒物质累积、塑料污染和核污染等几个方面；污染最严重的海域有波罗的海、地中海、东京湾、纽约湾、墨西哥湾等。就国家来说，沿海污染严重的是日本、美国、西欧诸国。我国的渤海湾、黄海、东海和南海的污染状况也相当严重，虽然汞、镉、铅的浓度总体上尚在标准范围之内，但已有局部的超标区。其中污染最严重的渤海，污染已造成渔场外迁、鱼群死亡、赤潮泛滥、有些滩涂养殖场荒废、一些珍贵的海生资源正在丧失。

鉴于海洋大部分为公海，而且海洋之间彼此连通，所以防治海洋污染是国际性的，是全人类的责任。1982年，《联合国海洋公约》在牙买加签署，其是世界各国广泛认同的"海洋宪法"。1997年，联合国大会一致通过宣布1998年为"国际海洋年"，而每年的7月18日则被定为"世界海洋日"，并要求世界各国提高人们保护海洋的意识，保持海洋的持续发展，加强保护及防治海洋污染的国际合作。

二、海洋污染四大显著特征

1.污染源广

不仅人类的海洋活动可以污染海洋，而且人类在陆地的一些活动也可以污染海洋。人类的海洋活动主要是航海、捕鱼和海底石油开发。

目前全世界各国有近8万艘远洋商船穿梭于全球各港口，总吨位达5亿吨，它们在航行期间都要向海洋排出含有油性的机舱污水，仅这项估计向海洋排放的油污染每年就可达百万吨。此外，通过江河径流入海含有各种污染物的污水量更是大得惊人。

2.持续性强

海洋是地球上地势最低的区域，它不可能像大气和江河那样，通过一次暴雨或一个汛期使污染得以减轻，甚至消除。一旦污染物进入海洋后，很难再转移出去，不能溶解和不易分解的物质在海洋中越积越多，往往会通过生物的浓缩作用和食物链传递，对人类造成潜在威胁。美国向海洋排放的工业废物占全球总量的1/5，每年因水生生物污染或人们误食有毒海产品造成的污染中毒事件达1万起以上。

3.扩散范围广

全球海洋是相互连通的一个整体。一个海域出现的污染，往往会扩散到周边海域，甚至会扩散到邻近大洋，有的后期效应还会波及全球。比如海洋遭受石油污染后，海面会被大面积的油膜所覆盖，阻碍了正常的海洋和大气间的气体交换，有可能导致局部地区甚至全球的气候异常。此外，石油进入海洋，经过种种物理、化学变化，最后形成黑色的沥青球，可以长期漂浮在海上，通过风浪流扩散、传播其他海域。例如，2007年11月7日，香港来宝船舶管理有限公司营运的"中远釜山"号货轮前往韩国途中，驶进美国旧金山海湾时撞上桥梁，虽然大桥没有被撞坏，但货轮的船身被撕开一条30米长的裂缝，大量的重油泄漏进旧金山湾区。这起事故是近20年来最严重的漏油事件，已对湾区附近的生态造成严重的影响，连绵42千米的海岸线受到油污严重影响，大量雀鸟及海洋生物死亡。

4.防治难、危害大

海洋污染有很长的积累过程，不易及时发现，而一旦形成污染，需要长期治理才能消除影响，且治理费用大。其造成的危害会波及各个方面，特别是对人体产生的毒害更是难以彻底清除干净。20世纪50年代中期，震惊世界的日本水俣病，是直接由汞这种重金属对海洋环境污染造成的公害病，通过几十年的治理，直到现在也还没有完全消除其影响。

三、海洋污染的三大成因

1.工业生产

据20世纪90年代初的一则统计，上海每天排出污水537万吨，其中80%未经处理直接排入东海。胶州湾沿岸，1 000多家工厂每年排放的污水总量达1 000余万吨，使素有"黄海明珠"的胶州湾沿岸污浊不堪。金色沙滩已是明日黄花，满目所见都是造纸厂流出的浆液、黑色泥坑及暗灰色的海滩。由于工业生产的发展和海洋开发规模的日益扩大，产生各种有害物质如废水、废气、废渣等也日益增多。这些物质通过陆地、海上和大气等途径，主要是通过入海河流的携带或沿岸厂家直接排放进入海洋。

污染海洋的物质很多，但危害最大的主要有石油、重金属、农药、有机物质、放射性物质、固体废物和废热水中的热能等。

2.石油开采和油轮泄漏

据测算，1吨石油进入海洋后，就会使1 200公顷的海面覆盖一层油膜。这些油膜会阻碍大气与海水之间的交换，减弱太阳能辐射透入海水的能力，影响海洋浮游植物的光合作用；石油污染物还会干扰海洋生物的摄食、繁殖、生长，使生物分布发生变化，改变群落和种类组成；石油对鱼卵和幼鱼的杀伤力很大，每升海水含油量在0.1毫克时，孵出的鱼苗大都有缺陷，只能存活1~2天；海水中的石油污染物会在鱼、虾、贝类、藻类体内积蓄起来，不但会使其带有一种臭味，降低食用价值，而且会使长期食用的人患病；而且一起大规模的石油污染事件，会引起大面积海域严重缺氧，使海水中生物面临死亡的威胁。

3.生活废水

生活和工业废水大量排入海中，会使沿海水域富营养化，废热水中的热能会提高局部海水温度，使某些浮游生物急剧繁殖和高度密集，从而产生"赤潮"。发生赤潮的海水呈黏性，并有腥臭味，会使海洋生物大量死亡。1998年，发生在中国香港地区和广东海域的赤潮，就使两地渔业遭受严重损失。从中可以看出，人类如果不注意保护海洋环境，受到惩罚的则是人类自己。

第四节　海洋污染知多少

一、海洋石油污染

海洋石油污染是指人类通过石油开采加工、废水排放、海上交通运输等过程将石油带入海洋，导致影响海气交换，降低海洋初级生产力，危害生物生存，破坏沿海滩涂湿地及风景区的景观等环境恶化现象。

海洋是陆源污染物（包括石油）的最终聚集地。近年来随着国际海运业的高速发展、海上油气勘探开发的强度日益加大以及沿海经济规模的扩大，日常排污及突发事故造成的海洋石油污染呈加重趋势。进入海洋的石油及其炼制品主要来自经河流或排污口向海洋注入的各种含油废水，海上油船漏油、排放和油船事故，海洋石油开采溢漏，逸入大气中的石油烃的沉降等。动力燃料油和原油是进入海洋环境的两大类油种。

随着全球工业化进程的加快，人类社会对能源的需求急剧增加。海洋油气资源作为主要能源之一，其开采规模迅速扩大，海上平台、油井数量和海上石油运输量急剧增加。据估计，通过各种途径每年进入海洋的石油和石油产品约占世界石油总产量的5%。

我国是个航运大国，也是石油进口大国。自1993年我国从石油出口国转为石油进口国以来，石油进口数量不断上升。目前，中国海上石油运量仅次于美国和日本，居世界第三位，中国港口石油吞吐量正以每年1 000余万吨的速度增长，船舶运输密度增加。

随着运输量和船舶密度的增加，我国发生灾难性船舶事故的风险逐渐增大，中国海域可能是未来船舶溢油事故的多发区和重灾区。其中，渤海湾、长江口、台湾海峡和珠江口水域被公认为是中国沿海四个船舶重大溢油污染事故高风险水域。2010年在墨西哥湾和大连发生的溢油事故给我们敲响了警钟。

另外，随着海上油气开发和船舶数量的迅速增加，海上油气平台及输油管线的跑冒滴漏、船舶的各种泄漏、压舱水排放等造成的小范围石油污染事故更是频繁发生，并且呈逐年递增的趋势。这种小型甚至是微型事故对海洋环境的负面影响虽然不明显，但事故数量众多，其潜在的累积性生态损害也是不容忽视的。例如，2011年6月4日、17日，康菲石油中国有限公司蓬莱19-3油田B平台和C平台分别发生溢油事故，导致河北、辽宁部分养殖生物及渤海天然渔业资源受损，严重危害了周边海域海洋生态环境。

二、船舶污染

船舶污染主要是指船舶在航行、停泊港口、装卸货物的过程中对周围水环境和大气环境产生的污染，主要污染物有含油污水、生活污水、船舶垃圾3类。另外，也将产生粉尘、化学物品、废气等，相对说来，对环境影响较小。

船舶生活污水未经处理任意排入水环境，会发生一系列生化作用。水环境的自然净化过程是细菌及其他微生物利用水中的溶解氧将有机物分解为无机物和二氧化碳的过程。水藻吸收二氧化碳，通过光合作用使自身生长，同时放出氧气。这种自然净化过程虽然进行得非常缓慢，但该过程仍然是一种平衡过程，而维持该平衡的决定因素是溶解氧的含量。如果大量的生活污水排入水环境，就会造成水中溶解氧的含量降低，破坏了水环境的自然净化过程和生态平衡，改变了水环境的生态特征，造成水环境中的鱼类等动物的死亡或迁移。船舶生活污水中的营养盐进入水环境后，当每升含量达到0.01毫克时，便可使藻类过度地生长和繁殖，出现富营养化，使水中溶解氧的含量降低，产生厌氧条件，使海洋动、植物群中的好气性群体（如鱼类）被低级的厌氧群体（软虫类）所取代。水环境的自然净化过程的破坏再加之生活污水中悬浮固体的存在，将对海滨浴场和渔场的资源产生较严重的影响。

船舶生活垃圾处理不当会造成重大危害。私自移运的垃圾未经任何消毒处理，存在卫生安全隐患；船方为节省垃圾消毒移运费用，将垃圾抛入大海或私自移运，抛入海域的垃圾，严重污染海洋环境；未分类的垃圾不利于后续监管处置，且造成资源浪费；消毒不彻底的垃圾仍携带致病菌及病媒昆虫等。

美国海洋保护协会于2006年9—10月在日本、美国和新西兰等68个国家的海岸开展清扫行动，回收了重达3 000吨的800万件垃圾，其中包括190万个烟蒂、77万个食品包装和食品容器、70万个各种盖子和69万个塑料袋等。烟蒂、食品包装和塑料制品等海洋垃圾数量如此惊人，已经严重威胁海洋生物的生存。

美国海洋保护协会指出，垃圾中含有的化学物质正在污染海洋，每年全世界有约100万只海鸟因为吞食塑料垃圾或缠绕在渔具上而死亡。

三、农药污染

农药污染也是沿海污染的重要来源，含汞、铜等重金属的农药和有机磷农药、有机氯农药等，毒性都很强。它们经雨水的冲刷、河流及大气的搬运最终进入海洋，能抑制海藻的光合作用，使鱼、贝类的繁殖力衰退，降低海洋生产力，导致海洋生态失调其还能通过鱼、贝类等海产品进入人体，危害人类健康。

污染海洋的农药可分为无机和有机两类，前者包括无机汞、无机砷、无机铅等重金属农药，其污染性质相似于重金属；后者包括有机氯、有机磷和有机氮等农药。

1. 重金属污染

目前污染海洋的重金属主要有汞、镉、铅、锌、铬和铜等。海洋中重金属来源有天然的，如地壳岩石风化，海底火山喷发和陆上水土流失注入海洋等。人为来源主要是工业污水、矿山废水排放及重金属农药的流失等造成，煤和石油在燃烧中释放出来的重金属经大气的搬运而进入海洋。据估计，全世界由于矿物燃烧而进入海洋中的汞有3 000多吨，此外，矿渣和矿浆也将一部分汞释入海洋，由此，由于人类活动而进入海洋中的汞达10 000吨，与目前世界汞的年产量相当。自从1924年开始使用四乙基铅作为汽油抗爆剂以来，大气中铅的浓度急剧增高，最终也将进入海洋。

重金属污染物在海洋中被生物吸收，致使鱼体内含有大量汞、铅等重金属，除了危害鱼体本身，人类取食这种鱼类将造成中毒。

2. 农药污染

工业上广泛应用于绝缘油、热载体、润滑油以及多种工业产品添加剂的多氯联苯（PCB）和有机氯农药一样，都是人工合成的长效有机氯化合物（按其化学结构可统称为卤代烃或氯化烃），由于它们在化学结构、化学性质方面有许多近似处，所以它们对海洋环境的污染通常放在一起研究。20世纪60年代末，各国认识到PCB对环境的危害，纷纷停止或降低PCB的生产和应用。

有机氯农药和PCB主要通过大气转移、雨雪沉降和江河径流等携带进入海洋环境，其中大气输送是主要途径，因此即使在远离使用地区的雨水中，也有有机氯农药和PCB的踪迹。如南极的冰雪、土壤、湖泊和企鹅体内都检出过残留有机氯农药和PCB。进入海洋环境的有机氯农药，特别容易聚积在海洋表面的微表层内。

据美国对大西洋东部的测定，在表层水中PCB的含量比DDT含量高20~30倍。海洋微表层中的DDT受到光化学作用发生降解，其速度受阳光、湿度、温度等环境条件的制约。在热带气候条件下，降解速率一般较高。沉积于海洋沉积物中的PCB和DDT在微生物作用下会发生降解作用，但速率相当缓慢。人们认为，PCB的稳定性比DDT高。DDT的降解中间产物DDE比DDT挥发性高，持久性也更长，对环境的危害更大。沉降到沉积物中的DDT和PCB会缓慢地释放入水体，造成水体的持续污染。

四、海洋热污染

20世纪60年代的美国佛罗里达半岛的土耳其角，曾经有一个火力发电厂，每分钟就有2 000多立方米的冷却水排入比斯坎湾，使这个水深只有1~2米的半封闭海湾的水温常年稳定地上升，部分海域的水温比其他海域的水温高出4~5 ℃，整个高水温海域的范围超过900万公顷。这就是海洋热污染现象。

海洋热污染是指工业废水的温度对海洋的有害影响。其污染来源首先是电力工业的冷却水，其次是冶金、石油、造纸和机械工业所排放的热废水，其中以核电站的危害最大。一座十万千瓦的火电站每秒钟只产生7吨的热废水，但一座核电站每秒钟却能排放80吨的热废水，可使周围海域的水温升高3~8 ℃。

那么，海洋热污染造成海水温度的上升，会造成什么样的危害呢？受害的就是各种海洋生物。由于历史的或遗传方面的缘故，很多海洋生物往往只适合生活在一个特定的水温范围内，水温的异常至会影响海洋生物的种类组成，并且还会导致生物个体数量的锐减。如果海水的水温升高了4 ℃，那么，这片海域几乎所有的生物都将绝迹，常见的红藻和褐藻都将消失不见，而高温种类的蓝绿藻却可以得到大量的繁殖。即使在水温上升3 ℃的水域里，海洋生物的种类数和个体数也都会有所下降。随着全世界发电量的迅速增长，热污染可能是将来影响最大的海洋污染类型之一。

那么，海洋热污染究竟是怎样对海洋生物造成灭顶之灾的呢？

首先，海洋热污染会导致水中缺氧，当海水温度升高的时候，海水溶解氧也会随之减少，同时，热废水本身就是缺氧的水体，大量热废水倾入海洋，必然会增加这片水域的缺氧状况。另外，在一定范围内海水温度的上升，会促进海洋植物繁殖力的提高和海域中有机物质分解速度的加快，致使氧的消耗量增大。正是在这两个方面的同时作用下，海洋热污染造成了海水中氧气的匮乏，对海洋生物的生存构成了极大的威胁。

其次，海洋热污染还会妨碍海洋生物的正常生活，干扰它们的正常生长和繁殖。各种不同的海洋生物，都只能在特定的温度范围内生活，如果水温超过了这一温度的上限，便将难以存活。特别是在热带、亚热带海区的封闭或半封闭浅水湾，每逢酷暑季节，水温已然十分之高，如果再在海洋热污染的影响下稍有上升，对于这片海区中的生物来说就是致命的。此外，热污染还能促进生物的初期生长速度和使它们过早成熟，这看起来好像还是一个好处，实则不然，这样的话会导致生物体数量的减少并且完全不能繁殖。而对于那些能够适应高温的生物种类，水温的升高会大大提高它们的生存竞争力，从而改变原有的生态平衡，造成灾难性的后果。

第五节　保护海洋，迫在眉睫

一、提高海洋污染监测水平

海洋污染检测的主要任务是定期监测海洋环境中各种污染物质的浓度和其他指标；估量污染物对人体或海洋资源的某些特定成分的影响，并在污染物超过标准时发布警报等。它是为了及时掌握海洋的污染状况和动态，按照预先确定的时间和空间，用可以相互比较的技术和方法进行的。

1. 海洋污染检测的发展历程

随着世界工业的发展，海洋环境污染已经引起世界沿海各国的高度重视。据报道，人类每年向海洋倾倒600万~1 000万吨石油，约1万吨汞，约25万吨铜，约390万吨锌，约30万吨铅，约100万吨有机氯农药。这些有毒物质大多分布在浅海近岸水域，使海洋生物受到污染，威胁着人类的健康。

近些年来，我国一些近岸海域不断发生污染事件，导致渔场外移，滩涂荒废，海产品产量减少、质量下降，海上养殖生物死亡，人们食用污染的海产品中毒等等。我国先后对渤海、黄海、东海和南海近岸海域进行了综合性和专题件的污染调查，如"渤海和黄海北部污染调查""东海污染调查""南海北部海域石油污染调查""渤海污染调查"以及"南海珠江口污染调查"等。

通过上述调查可知，我国近岸水域受到不同程度的污染，局部海湾、河口、滩涂（如锦州湾、胶州湾、大连湾、珠江口等）污染十分严重，引起了社会各界的关注。

1972年联合国在斯德哥尔摩召开了人类环境会议，中国政府派代表团参加了会议。世界环境问题对社会经济发展的重大影响情况引起了中国政府的重视。1974年我国成立了国务院环境保护领导小组，1977年成立了渤海、黄海污染防治领导小组。

为进一步掌握我国海洋污染的特点和变化趋势，为国家及有关部门海洋管理和决策提供依据，1978年6月渤黄海污染防治领导小组办公室和国家海洋局共同组建了"渤海、黄海污染监测网"。从1978年10月开始，按统一的工作方案和统一的技术要求，每年6月、8月、10月（枯水期、丰水期和平水期）对渤海和黄海海域进行水体、底质30多个项目的例行监测，同时对入海的污染源进行全面调查。从此，我国海洋污染监测工作全面展开。

2. 海洋污染监测传感器

海洋污染自动监测技术的进步多依靠于电子技术、计算技术、通信技术、材料科学技术等的支持，而其中传感技术最为关键。海洋污染监测传感器同时具有一般传感器与海洋传感器的技术特性，但是它的技术难度更高、制造工艺更复杂。目前，污染监测传感器的可靠性、稳定性、测量精度和连续工作时间远不如其他类型的海洋传感器，故海洋污染自动监测技术的发展面临着许多问题和困难。海洋污染传感器有以下几种：

（1）水质传感器。当描述和评价海洋环境水质污染现状时，必须对海洋水质污染的主要参数如温度、pH值、盐度、浊度等进行现场综合、长期、连续的监测，以研究它们之间的关系，探索海水的细微结构和海洋污染水平。由于对现场综合水质测量系统的研究和应用早就受到重视，故水质传感器发展较快。在海洋水质的现场监测项目中，除通常的水质监测项目外，国外对水质污染的其他一些要素也有监测，如美国的叶绿素监测、日本的重金属汞监测、德国的放射性监测、挪威的营养盐监测等。

（2）遥感器。自20世纪70年代初海洋遥感技术成功应用于海洋污染监测以来，遥感技术在海洋污染监测中越来越显示出它的优势，尤其对油污染、热污染、海洋水色、浊度等监测更为突出。目前，国外应用海洋卫星遥感技术已能对全球沿海污染进行监测。目前，航空遥感技术主要用于海上石油污染监测方面，并且是海上石油污染监测的3个层次（卫星、飞机、调查船）中的主要手段，现已能可靠测定海面漏油区面积、油膜厚度和溢油量，鉴别污染源及污染物种类。这方面的技术，美、日、法、丹麦、瑞典等国家已进入实用阶段。

（3）生物传感器。生物传感器是使用固定化的生物分子结合换能器，用来侦测生物体内或生物体外的环境化学物质或与之起特异性交互作用后产生响应的一种装置。

3.提高海洋污染检测水平

（1）健全海洋环境监测制度。目前，我国的海洋环境监测由国家海洋局主管，但是环保部、农业部、交通部、高校系统、中科院系统、海军等相关机构也都开展了有关海洋环境的监测，各部门对职责理解不同、监测任务界定不清。

以近岸海域海水监测为例，环保部组建了"全国近岸海域环境监测网"，对部分近岸海域、海水浴场和入海排污口进行监测，农业部也建设了全国渔业生态环境监测网，对海水增养殖区、海洋自然保护区进行监测，而上述监测在国家海洋局主管的"全国海洋环境监测"中均有所涉及。除此之外，各部门大多执行本部门制定的行业技术标准，在监测技术路线、站位设置、监测内容、时间频次、监测设备、评价指标与方法方面存在较大差异，严重影响海洋环境监测数据的可比性。

因此，要加强海洋环境监测制度的建设，依法管理和开展海洋环境监测工作，以法制建设为牵引，逐步理顺海洋环境监测体制和机制，通过修改《海洋环境保护法》《海洋环境监测管理条例》等法律法规，明确各机构职责，避免各自为战，资源浪费。同时，要制定《海洋环境监测工作监督管理办法》《海洋环境监测信息共享和发布管理办法》等一系列法规制度，加强国家层次上的战略统筹和有效监管。

（2）优化海洋环境监测体系。海洋环境监测范围覆盖我国管辖海域，对渤海、典型海湾等重点海域开展了专项监测，并拓展至与我国国家权益和生态安全密切相关的国际公共水域。

目前我国的环境监测任务包括海水、海洋生物多样性、海洋沉积物、海洋大气、二氧化碳、海洋放射性、海洋保护区、海洋倾倒区、海水浴场等二十多项，每项任务中又同时包括海水水质、沉积物质量、生物质量、浮游植物、浮游动物等多个要素，存在重复设置的问题。反观发达国家的环境监测任务，简单明了、针对性强，我国应该重新审视我国的海洋环境状况，对监测任务进行合并与调整，避免重复。同时有针对性地设置一些以研究为主的监测任务，对环境恶化原因、机理等进行深入研究，以提出更合理的环境治理措施。

我国应紧跟世界发展潮流，大力发展和推广海洋环境立体监测技术。一方面优化和丰富常规监测的站点布设、监测项目和要素等内容，深化利用浮标、潜标、海床基、岸基等日趋成熟的定点观测技术；另一方面不断探索船舶拖曳系统、载人或无人航空监测、卫星遥感技术、载人深潜技术等移动监测技术在海洋环境监测领域的应用，使我国海洋环境监测体系向着层次立体化、手段多元化、信息综合化、规模扩大化、频次精细化、设备组合化的方向不断发展。

另外，我国各海洋环境监测机构业务能力参差不齐，监测质量不一。各海洋监测业务机构的能力还需进一步健全，要不断完善现有的海洋环境监测标准、规范、技术规程，提升检测设备的准确度、精密度、稳定性，研发高性能的在线监测设备和传感器，提升从业人员的技能，这样才能保证海洋环境监测业务和海洋环境质量的不断提高。

（3）加强国际交流与合作。海洋环境问题是全球海洋国家的问题，欧美等发达国家在海洋环境保护及管理方面进行了长期的探索和研究，发起或组织了众多大型国际调查计划，充分调动多国的资源和力量进行海洋环境的监测。例如，波罗的海遭受着严重的陆源污染，其沿岸国家成立了波罗的海海洋环境保护委员会，发起了赫尔辛基公约，旨在保护波罗的海的海洋环境；赫尔辛基委员会还出台了《波罗的海海洋环境联合监测项目海洋监测指南》，对每个国家的监测区域、监测内容、监测参数都有明确的规定。再如，地中海也面临着严峻的污染问题，其沿岸国家在联合国环境规划署的帮助下，制定了"地中海行动计划"，该计划也强调了各国要综合协调对地中海的研究和监测工作，并要求信息进行交换。加强国际交流与合作可以从以下方面入手：

首先，要与周边国家开展多种方式的双边和多边合作调查，积极搭建海外合作平台，实现资源共享和协调互补。例如，在借助"一带一路"战略的实施打造区域合作平台，获取海上丝绸之路的重要环境资料；针对污染严重的渤黄海，与朝鲜、韩国开展合作，共同保护渤黄海环境。

其次，开展多种渠道的国际交流和学习，搜集世界各国海洋环境监测数据，学习发达国家成功经验，学习国外先进的海洋环境监测技术，促进技术交流，创新海洋环境评价方法，丰富现有评价体系，提升我国的海洋环境监测能力。

二、实现海洋产业结构的高级化

1.我国海洋产业结构现状

中国的海洋产业正处于大发展时期，改善和优化海洋产业结构，将直接促进海洋经济的可持续发展。海洋产业可以分为第一产业（海洋渔业）、第二产业（海盐及盐化工业、海洋油气业、海滨砂矿业、海水直接利用和深海采矿业）、第三产业（海洋交通运输业、滨海旅游业、海洋服务业）。

目前我国海洋第一产业占的比重仍然偏大，海洋产业劳动者主要集中在这一领域，海洋工业相对薄弱。具体到某个沿海省市，这种失衡情况更加突出。

中国的海洋产业规模小，技术装备落后，新兴海洋产业发展尚需加速，海洋第三产业亟待扩大，这些都是海洋产业发展面临的主要问题。海盐业机械化水平只有50%~60%，海港装卸现代化水平低，海洋渔业船只、渔具陈旧落后。各海洋产业发展不平衡，目前海洋产值的80%以上来自渔业和海洋交通运输业。海洋油气资源开发、滨海旅游、海洋服务业等新兴产业起步晚，发展迟缓。

海洋第一产业的建立和维持，主要依赖劳动力的投入和生产经验，而第二和第三产业对技术，特别是对高新技术的依赖和吸纳能力则要高得多，如一座海上石油平台的运转需要成千上万项技术的组合来支撑，经济效益也要大得多。故我们要优化产业结构，就是用先进技术提高产业技术基础，改造渔业、盐业等传统产业，优化其内部的行业结构，同时发展新兴产业。以新技术为核心，引导和扶持海上油气、海洋药物、海洋工程、海洋电子等新兴海洋产业，提高海洋第二和第三产业的比重，大力扶持海洋龙头企业参与国际竞争，优化海洋产业布局。

2.优化海洋产业结构

优化海洋产业结构主要包括以下两个方面：

（1）调整海洋产业结构。不同的海洋产业结构对海洋资源的依赖程度和对环境的影响程度不同。从海洋第一产业、第二产业到第三产业对海洋资源的依赖程度和对环境的影响程度逐渐减弱。我国多年来的海洋产业结构一直是以海洋第一产业为主，今后应提高海洋第二和第三产业的比重，在实现海洋资源环境可持续利用的过程中，使我国海洋产业结构不断的优化和升级。

（2）优化沿海地区的产业结构。沿海地区所产生的"三废"绝大部分是通过河水和地表径流、酸雨等形式流入近海，影响了近岸海域的环境。近岸海域的环境状况和沿海地区经济结构，特别是产业结构的变化有着高度的相关性。从"三废"排放的一般情况来看，工业废水、废气占全部污染物的50%左右，故第二产业对环境压力最大。而沿海地区是我国目前工业化程度较高的地区，第二产业在三个产业中所占的比重最大，这种产业结构严重地影响着近岸海域环境，应该加以调整。要搞好沿海工业布局，积极引导和发展起点高、能耗少、技术含量高和经济效益好的工业产业；对能耗大、污染重、经济效益差的工业产业要严格限制或取缔。沿海地区还要充分利用海洋优势进行合理的工业产业布局，严禁把海洋当作垃圾池。

重点发展海洋交通运输业、海洋渔业、海洋油气业、滨海旅游业，缓解交通紧张状况，带动和促进沿海地区经济全面发展。积极发展海水直接利用、海洋药物、海洋保健品、海盐及盐化工业、海洋服务业等，使海洋产业群不断扩大。研究开发海洋高新技术，采取有效措施促进海洋高新技术产业化，逐步发展海洋能发电、海水淡化、海水化学元素提取、深海采矿以及新兴的海洋空间利用事业，不断形成海洋经济发展的新增长点。逐步调整海洋第一、第二、第三产业的比例，尽快建立低消耗、高产出的海洋产业结构，从而科学、合理地进行产业布局，实现海洋产业的可持续发展。

三、推动海洋环保技术产业化的进程

鉴于海洋污染程度的日益加重,自20世纪90年代中期以来,我国采取了强有力的措施控制陆源污染,有效地削减了陆源污染物的入海量,也为环保产业的发展营造了良好的社会环境。同时也加快了环保技术的研究步伐,取得了一批有价值的成果。但从总体上讲,在技术方面,由于基础薄弱,资金投入小,开发的重点仍以环境污染控制技术为主,清洁生产技术、资源综合利用技术以及现场快速污染监测技术方面的成果还比较少,海洋环保产业的技术水平较低。

目前,世界上普遍将环保产业视为高新技术产业之一,而我国在环保产品生产、环保技术开发等领域,却仍以常规技术占主导地位,环保产业的总体技术水平较国际先进水平约落后较多。在产业化方面,缺乏海洋环保技术产业化的有效机制,造成先进的海洋环保技术成果产业化步伐缓慢,成果转化率低。此外,整个社会的海洋环境意识还比较淡薄,对海洋环境的监督管理和污染治理力度不够,也制约了海洋环保技术的开发和产业化。因此,需要推动海洋环保技术的产业化进程。

1. 提高全民海洋环境保护意识

保护海洋环境是关系到社会经济可持续发展的大事,对我国海洋环境所面临的严峻形势要有一个清醒的认识,充分认识到保护海洋环境的重要性和紧迫性。提高全民海洋环境保护意识包括以下两个方面:

首先,要树立海洋环境保护意识,加强政府在海洋环境保护方面的职能建设,建立起环境与发展的综合决策机制。在制定海域综合开发利用规划,调整海洋产业和生产力布局时,综合考虑社会、经济和环境效益,进行充分的环境影响评价,避免决策失误,从源头上控制住海洋环境问题的产生。

其次,要加大舆论宣传力度,增强全民环境保护意识,发挥群众的监督作用,争取社会各界对海洋环境保护工作的关注与支持。特别是要加强面向企业的宣传,帮助企业转变观念,从被动治理环境污染转向主动选择清洁生产工艺和海洋环境无害的生产技术。

2. 建立和完善海洋环保技术研究开发和推广应用机制

要充分利用国内的科技力量、现有的工业技术基础和应用单位的已有条件,加强科技界、应用单位和产业部门的合作,加快成果转化。特别要在成果的中试、产业化上下工夫。可在重点污染行业中选择一些先进的环保生产工艺技术,建立示范工程,并逐步加以推广。

3. 加强海洋环保技术产业化的社会条件建设

制定和完善有利于海洋环保清洁生产技术的政策体系(如价格补贴、税收优惠等);建立海洋环保技术转移信息网络,以此作为培育和扩大海洋环保技术市场需求的有力手段;逐步建立起"污染者治理、利用者付费、开发者保护、破坏者补偿、政府增加投

入"的筹资机制，开辟稳定有效的海洋环保投资渠道。

把重点海域和跨地区污染综合治理及环保示范工程的投资，列入政府的固定资产投资计划；设置沿海城市污水处理厂专项基金和造纸、酿造、海洋石油开采、海上运输等重点行业污染治理专项基金；加强排污费的征收、管理和使用；增加银行环保贷款规模；积极引进和利用外资。

4.建立海洋环保技术产业化基地和示范试验区

海洋环保产业具有广阔的市场前景和经济带动性，但目前我国的海洋环保产业在整个环境保护产业中所占的比例微乎其微，许多高技术及其产品的开发，长期处于研究试验阶段和待开发状态。因此，有必要建立海洋环境保护技术产业化基地和示范试验区，作为我国海洋环境保护技术和产品开发的中试基地和示范样板。

产业化基地要重点考虑海洋环境监视监测技术产品、海洋污染处置生物与化学制剂产品和污染物入海处理设备开发方面的产业化基地建设；示范试验区则重点考虑生物修复试验示范区、生态工程技术示范区、赤潮灾害应急处置试验示范区、自然保护区等的建设。一般选择污染较重的典型海湾和入海口作为示范试验区，如渤海湾、大连湾、胶州湾、长江口、珠江口等。

5.加大科技创新力度，为海洋环保产业的发展提供技术储备

海洋环境保护是一个新兴产业，它的发展需要相应的环境监测技术和各种污染物处置技术以及生态恢复技术作为支撑。为此，应加大科技创新力度，根据国家的经济支撑能力，瞄准海洋监测技术和环保技术的世界发展前沿，选择覆盖面较广、有一定工作基础和具备产业化前景的项目。

要充分利用现代高新技术，利用国际合作渠道，加强国际交流与合作，借鉴国外先进技术，从高起点上起步，争取以较短的时间赶上和超过世界先进水平，并通过技术辐射，带动相关方面的科技进步。

要以关键技术的突破和技术创新的带动作用为核心，形成海洋环保高技术产业，提高我国海洋环境监测和保护高技术产品在国际市场上的竞争力。

第六章 让我耳根清净点儿

第一节 噪声污染比想象中的更严重

一、社会生活噪声

社会生活噪声是指人为活动所产生的，除工业噪声、建筑噪声和交通噪声之外的干扰人们生活环境的声音。由此可见只要某声音是人为活动产生，并对周围生活环境造成干扰，都认为是社会生活噪声。因此社会生活噪声包含的范围特别广泛，例如商业活动、娱乐活动、宣传活动的噪声以及人群活动的嘈杂声（如菜市场买卖嘈杂声、就餐时高声喧哗）等。判断一个声音是不是噪声不能只从物理学角度（响度、音频等）判断，还要考虑人的主观因素，如广场舞播放的歌曲对于处在锻炼中的人来说是音乐，但是对于处在工作学习或者休息中的人来说就是噪声了。

1. 商业噪声

居住区和小区的商业中心是人流集中、气氛热烈的公共场所，特别是附近的超级市场，人群熙熙攘攘，嘈杂声不绝于耳，对居住和办公产生了严重的干扰。商业噪声可以分为以下两类：

（1）振动噪声。产生振动噪声的设备主要有电梯、变压器、水泵、空调、冷却塔，其主要通过支架、墙体、楼面等固体结构传播，穿透力强、传播距高远、衰减缓慢。

（2）空气动力噪声。产生空气动力噪声的设备主要有空调、冷却塔、车库、通风系统，其主要通过空气传播。

商业噪声污染是很多企业、居民比较苦恼的问题。商业综合体因其功能完备、配套设施齐全、声环境背景复杂，治理上存在一定难度。

根据噪声特性不同，处理措施上也各有侧重。特制减振设备可将振动噪声传递率降至0.2%，要想达到更优的减振效果，产品尺寸、材质最好也根据设备需求定制。对于空气动力噪声而言减振措施却效果甚微，这类噪声主要通过消声隔音手段进行治理，比如消声器可从噪声根源处降低噪声能量，隔声屏障可阻隔噪声传播。

2.娱乐噪声

较常见的娱乐噪声包括音乐播放器（随身听、MP3）、手机、KTV、广场舞等高音量声音。下面主要介绍MP3、KTV和广场舞噪声。

（1）MP3噪声。

越来越多的人喜欢随时随地打开MP3播放器，旁若无人地听着喜欢的音乐。行走在大街上可以看到不少人乘车、走路、候车都塞着耳机听MP3，用以打发时间，而它给大家带来娱乐的同时正悄悄损害着人们的听力。在国外，全球著名的音乐播放器制造商iPod（苹果）公司曾遭到消费者的起诉，理由是使用iPod损伤了消费者的听力。

据报道指出，高于90分贝的任何声音，如果长时间接触，可引起某种程度的听力丧失。但MP3放出的声音大多超过100分贝，甚至可以高达120分贝。这个声音几乎等同于喷气式飞机起飞时的音量。听力下降对青少年最大的伤害是影响语言发育，其次是造成智力发育迟缓，使他们难以融入快速发展的现代社会。除了导致听觉系统损伤外，过高的立体声响会和噪声一样引起心血管、神经、消化和内分泌系统的功能紊乱，如血压升高、心率加快、胃液分泌减少、头晕、头痛、记忆力减退等。

（2）KTV噪声。

现在很多年轻人沉迷KTV，整夜徜徉于震撼的音响之中，会导致人出现耳鸣、耳聋、耳闷等症状，并出现重听，属于急性音响性外伤范围。过度的噪声刺激将导致耳蜗外毛细胞和内毛细胞的损伤或丢失，造成暂时性或永久性的听觉阈值移动。

噪声刺激还能使外周听觉神经纤维突触间的联系发生改变，并引发中枢听觉系统的结构和功能发生改变，主要表现为频率调谐曲线复杂的重构、对声音信号整合能力的下降以及语言辨识能力的降低。除此之外，音量的急剧变化可以导致听觉器官的急性声损伤，出现内耳组织听觉毛细胞的损伤、盖膜移位等。

（3）广场舞噪声。

每到清晨或傍晚，大街小巷都会听到耳熟能详的音乐，看到欢快的舞者。上到古稀老人，下到学步娃娃；人数多、舞种繁，让人眼花缭乱……只要是能聚人的地方，只要音乐一响，舞者就会随音乐起舞。不可否认，广场舞确实给人们提供了锻炼身体的好方法，还是人们打发空余时间的好途径。

可是，在舞者投入其中的同时，其他人却投来了异样的目光。为何？因为高亢的音乐，干扰了附近居民的生活。很多广场都临近小区，音乐太大，即使隔音门窗紧闭，各房间内依然能听到音乐声。临近广场的房间，声音更大。有些附近居民实在受不了，就跟广场舞者进行沟通，但不一定有效，甚至还会导致"博弈"的升级，争斗不断。

3.宣传噪声

宣传噪声主要是噪声广告。广告宣传过程中产生高强度的噪声，会危害人体健康，这类广告就是噪声广告。

噪声广告主要表现为市场、门店、流动摊位等借助音响设备或打击道具制造过高分贝的、超过噪声允许值的声响；流动广告车辆不合时宜地发布高强度的音响广告或宣传队伍敲锣打鼓进行的商品宣传。

试想噪声广告的上述种种表现形式是不是比比皆是、无孔不入、防不胜防？这样的广告是不是搅得你心烦意乱，甚至义愤填膺？因为这是噪声达到一定强度后，带给人们生理上和心理上的必然反应。

噪声广告广为诟病，一方面源于它对人体健康带来的多种危害，主要表现为：产生听力损伤、头痛、脑涨、耳鸣、失眠、全身疲乏无力以及记忆力减退等症状；导致心脑血管疾病、消化系统疾病；而且对视觉、智力有不同程度的影响；另一方面源于它对生活工作造成严重干扰，主要表现为：导致多梦、易惊醒、睡眠质量下降；干扰人的正常谈话、工作和学习，分散人的注意力，导致反应迟钝，降低工作效率，增加差错率。

怎样避免遭受这种危害呢？首先必须弄清楚噪声广告的思想根源。噪声广告显然是唯利是图的注脚，不顾及受众的感受。它是在扰乱公众的正常生活环境，是在用软暴力来冲击我们宁静的灵魂。在唯利是图价值观支配下，噪声广告与公众意愿是明显相悖的，这就使宣传者自毁形象，徒增公众的反感和抵触情绪，广告就难以达到预期的效果。因此，可以从噪声广告的来源和受众两个方面来减少乃至杜绝这种公害。

二、交通噪声

交通噪声是指各种交通工具在行驶过程中产生的妨害人们正常生活的声音，如轮胎摩擦声、飞机轰鸣声、轮船汽笛声、火车隆隆声、汽车喇叭声与刹车声以及汽车、摩托车马达声等。当它们超过一定限度，会严重损害人们的工作效率和身体健康。美国曾作过试验，工作人员将一种植物放置在常有火车飞奔而过的铁路旁，噪声级为100分贝（dB），十天后该植物便枯萎死去。

现象1：飞机噪声

飞机噪声是现在乃至未来的城市问题之一。飞机起降时的噪声大概有多少分贝？资料显示为100~140分贝。如果不戴耳机，对人的听力肯定会有损伤。当天空传来发动机的轰鸣声，很多人都会抬头望去，看着飞机从自己的头顶飞过。看到这幅景象，孩子们会因为好奇而欢呼，但大人们却不堪其扰。可以想象，临近机场居住的人，每天都会被飞机声震醒，生活质量将会受到多大影响？

飞机要飞上天空，需要强劲的动力，仅自身重量就有几十吨，再加上旅客和行李，要飞上天，就需要发动机功率大，动力足，所以噪声就会很大。当然，飞机上的噪声主要是发动机发出的噪声，而且飞机后部（以机翼为界）听到的发动机噪声还要比前部响。

搭乘飞机外出，坐在客舱里，还有个噪声不能忽视，就是空调的声音。虽然没有发动机那么响，但也会持续很长时间。另外，收放襟翼、起落架（坐在机翼附近的位置时），也能听到马达声和空气阻力增大时产生的风声。这些都是噪声，会损害人们的听力。

现象2：轮船噪声

在港口、锚地和通航密集的江河、运河等水域中会集大量的船舶，船舶噪声会直接影响到周围的环境。当噪声超过一定的标准值时，会使生活在附近人的发生头昏、耳鸣或产生烦躁情绪等病状，严重者还会导致耳聋或引发其他疾病的发生。在我国的长江流域一带的运河水域，长期存在挂浆机船舶，在营运中机器的排气会产生出极大的声响。当这些船舶沿着运河穿越城镇时，沿岸的居民就会深受影响，不能专心学习和工作，不能休息和睡眠。

船舶超标准噪声的存在，不仅会给周围的人造成影响，也会给作业人员带来极大的健康损害。如船舶上的工作人员中，长期任职的轮机人员的听力就远不如驾驶人员，这就说明了噪声污染损害异常严重。

现象3：汽车噪声

汽车噪声是指汽车行驶在道路上时，内燃机、喇叭、轮胎等都发出的声音。汽车噪声严重影响人的身体健康。近年来，城市机动车辆飞速增长，交通噪声污染环境的现象也日益突出。汽车噪声不但会让驾驶员和乘客感到疲劳，还会影响汽车的行驶安全。

汽车对环保最大的危害是噪声污染，而城市排第一的噪声当属汽车喇叭声。走在马路上，川流不息的汽车带来的是阵阵刺耳的喇叭声，无论在办公室、教室、医院、家里，喇叭声都会刺激我们的耳朵。如此，就会对人们的消化系统、心血管系统造成严重不良影响，如消化不良、食欲不振、恶心呕吐，继而提高胃病及胃溃疡病的发病率，大大地提高高血压、动脉硬化和冠心病的发病率。

现象4：火车噪声

火车噪声包括信号噪声、机车噪声和轮轨噪声三部分。

信号噪声。因汽笛所用的蒸汽压力或风笛所用的压缩空气压力的不同而有很大的差别。比如，建设型和解放型蒸汽机车的信号，在距机车的侧面10米处，建设型机车的汽笛声A声级高达132分贝，解放型为128分贝。

机车噪声包括电力机车噪声、内燃机车噪声和蒸汽机车噪声。其中，内燃机车的噪声相当强烈，司机室内的噪声级为99~108分贝，机器间内为116~120分贝。

轮轨噪声的强弱与行车速度、车厢长度、每列车的车厢数目、每个车厢的轮轴数目、轨道的技术状态等密切关系。实测表明，列车运行速度为每小时60公里时，在距离轨道5米处，轮轨噪声的A声级为102分贝，机车噪声为106分贝。车行速度加倍，轮轨噪声和机车噪声各增加6~10分贝。

近年来，国际上还出现了高速客运列车，速度每小时高达210公里或更高。在距离轨道25米处的路堤上，其噪声级为100分贝，严重干扰了沿线居民的生活。长期生活在巨大又刺耳的火车鸣笛声中，让人们痛苦不已。

对于交通噪声，国内外均有不同的测定方法、测定仪器、评价指标和控制规定。中国城市中，路旁竖立的分贝指标牌就是一种测定仪器，一旦车辆驶过，牌中的数字就会不断变化，反映了噪声声压级（单位是分贝）。

为了降低交通中的噪声，可采用以下几种方法：

1.优化车辆设计

（1）对于动力噪声，应改善机动车辆构造，提高机件的结构刚度，采用严密的配合间隙，或者设计主动隔振系统。

（2）对于排气噪声，应大力推广高效排气消声器。

（3）对于机械噪声，应选用低噪变速器，控制转动轴的平衡，降低扭转振动。

（4）对于轮胎噪声，首先应优化轮胎花纹设计，降低高速行驶时产生的空气泵效应；其次应选用更富有弹性且柔软度高的橡胶制造轮胎。

（5）对于车体噪声，首先应优化车身流线型设计；其次是在车身与车架之间采用弹性元件连接；还可以进行驾驶室内吸声设计，在车室顶棚、底板和侧壁内饰衬垫等处尽量使用具有吸声性能的材料。

（6）对于喇叭噪声，一方面要提高交通管理技术手段，解决禁鸣路段驾驶人员违法鸣笛后执法难的现实问题；另一方面要采取一定的技术措施，优化设计鸣笛发声装置，以适应不同行驶区段对交通噪声的不同要求。当然，最重要还是要提高驾驶人员的道德素质，避免随意鸣笛现象。

2.改善交通运行条件

研究表明，交通噪声的大小还与交通量、车速和车型等因素有关。因此，交通噪声控制还应包括对交通运行条件的改善，具体措施如下：

（1）优化噪声敏感区域周边路网的交通组织，在路网总的行驶时间增加不多的前提下，使较多的车辆绕行通过，避免对噪声敏感点产生影响。

（2）改善城市道路设施，使快车、慢车和行人各行其道，并采用合理的控制系统，使交通流保持合理车速，尽可能地减少由于加速、减速、鸣笛、制动等交通行为所引发的噪声。

（3）合理地控制交通流量，特别需限制载货汽车的通行。对噪声特别严重的载重车，可以开辟专用道，以便集中隔音。

（4）采用降低道路纵坡，铺设低噪声的路面，提高路面平整度，改善噪声敏感区域的道路条件，从而减少车辆噪声。

3.针对噪声传播途径降噪

在道路与噪声接受点之间设置声屏障，阻挡声音的传播，将大部分声能反射和吸收，仅容许部分声能绕射过去，在屏障后面形成一个声影区，也能降低噪声。

声影区内噪声降低的多少取决于屏障的高低、材质与结构、噪声源和受声点距屏障的远近以及它们的高度等。一般情况下，声屏障的高度不宜超过5米，其上部可做成折形或弧形样式，可使用的材料包括混凝土、土堤、砖墙、金属板、塑料板（透明板）、钢化玻璃板、木板等；其中心线距离路肩边缘的距离通常应不小于2米；其长度应大于保护对象沿道路方向的长度，原则上是声屏障到受声点距离的3倍以上。

若要使声屏障真正达到降噪效果，至少要使透射声量R比绕射声量（LioC）小10分贝。这是因为接受点的噪声包括绕过声屏障的声能Lid（分贝）和透过声屏障的声能（R）（分贝）两部分，根据声音叠加原理，只有小于Lid一定的数值，才不会使接受点的叠加噪声超过Lid较多，因此一旦Lid-R≥10分贝，就会使接受点处的叠加声与Lid之差小于0.5分贝。

因地制宜地建造各种类型和造型的声屏障，并充分考虑与环境协调一致，是降低公路交通噪声的有效途径。如深汕高速公路在新村小学路段设置一座声屏障，长170米，高3.1米，其在监测时段内对交通噪声的衰减量（插入损失）为9.4分贝，比设计噪声衰减量还要多0.4分贝，有效地降低了交通噪声，保护了该小学的教学环境。目前已为公路设计和建设部门广泛地采用。

4.在道路与接受点之间种植绿化林带

研究表明，利用绿化林带降低噪声，其效果取决于树种、林带内的能见度（作为林带种植密度的表征参数）、种植宽度、树冠高度、枝叶密度以及季节变化等，其中能见度和宽度是最重要的两个元素。林带种植越密集，能见度越小，其噪声衰减效果也就越好。故在噪声源与建筑物之间，要合理配置由常绿（或落叶期短）乔木和灌木组成的绿化林带；而且为了取得最佳效果，还要靠近噪声源植树。

密植乔灌结合的绿化林带每10米宽度可降低噪声1.0~1.5分贝。但对于城市道路，由于空间的限制，种植林带不符合实际，可以种植密集的松柏、侧柏等绿色长廊，把机动车道与步行道隔离开，同时在步行道和建筑物之间再配以乔木、灌木和草地等与道路环境相协调的植物群落。

需要注意的是，栽植绿化林带可以降低噪声，但作用有限。因为即使树叶浓密，空隙仍然很大，声波容易穿透，而草皮与松土只对靠近地面的声音传播有衰减作用。

三、家庭噪声

家庭噪声指的是家庭中由为数众多的频率组成的、并具有非周期性振动的复合声音。简单来说，就是居住环境中形成的不恰当或者不舒服的听觉刺激，也称为室内噪声污染。

家庭噪声主要有：

1.家电噪声

据检测，家庭中电视机、收录机所产生的噪声可达60~80分贝，洗衣机为42~70分贝，电冰箱为34~50分贝，家庭卡拉OK分贝更高。另外，家庭鱼池的流水声、室内敲打声、收音机的沙沙声、DVD的机器轰鸣声、家人的高声吵架均在范围之列。

频率在200赫兹以下的低频噪声，主要有电梯、变压器、高楼中的水泵、中央空调（包括冷却塔）及交通噪声等。它们通过空气、结构等途径，能直接传播到小区住户，也是家庭噪声的一部分。

国家规定的各种家用电器噪声的限值为：

（1）空调：按制冷功率大小，空调噪声限值在40~68分贝；

（2）洗衣机：洗衣机的洗涤噪声最高限值为62分贝、脱水噪声限值为72分贝；

（3）冰箱：容积在250升以下的冰箱，噪声限值为45~47分贝；250升以上的限值为48~55分贝。

（4）微波炉：微波炉限值为68分贝。

此外，冰箱、空调、洗衣机、微波炉、抽油烟机和电风扇六大类家电产品的铭牌或使用说明书，必须标注噪声值，否则不能上市销售。

在家里，你正靠在沙发上安安静静地读着书，突然隔壁传来了刺耳的摇滚乐；晚上关了灯正准备睡个好觉，就听见窗外有人喝醉了在发酒疯……家，本该是最舒服的港湾，而那些"不素之音"总会在不经意间扰了我们的清闲。

2.装修噪声

装修房屋本来是一件令人开心的事，可以为我们带来舒适的室内生活，但对于他人而言，装修最大的困扰就是噪声。装修的声音着实让人抓狂。生活中，这样的例子屡见不鲜：

林女士的宝宝刚满月，结果遇上邻居装修。早上不到五点开始干活，干到晚上八九点钟。装修电钻的响声，甚至还将孩子吓着了。丈夫多次找过装修工人，可是收效甚微。不得已找了物业公司，物业工作人员也找过装修工人，但结果也只是把早上装修的时间推迟到了6点。

某小区一业主早上不到8点、下午不到2点就开始装修，到了中午12点多还在施工。楼上的老人小孩根本无法适应这样的高分贝，严重影响了学习和休息，感到头疼不已。

某小区是新建小区，为了方便孩子上学，吴先生在第一期就买了房，成了最早入住的业主。结果，随着新房的不断售出，装修声在一年内就没有停止过。孩子午休，受到影响；下午放学了，别人还在装修，孩子根本就无法安心写作业。

3.电话噪声

电话和手机是家庭必备，但有些人打电话的声音很大，也会影响了他人，成为家庭噪声污染的源头。居住在家庭或宿舍里，大嗓门打电话，他人就无法安心学习和休息，轻则会引起他人的不满，严重地还会引发冲突。

有些人打手机还喜欢用免提，也会对他人造成噪声污染，引来他人的反感。

其实家中听到的很多噪声，完全可以通过装修降低甚至消除。窗户做了隔音，可以过滤掉很多外面的杂音；天花板做了隔音，楼上的走路声就会小的听不到；墙壁做了隔音，隔壁吵架也不会惊扰到你。

第二节　噪声的几大危害

一、噪声太大，影响听力

音量过大、暴露于噪声环境过久，都容易造成永久性的听力损失。数据显示，音量超过80~85分贝就会造成听力损伤。生活中，许多我们习以为常的声音，其实都超过了85分贝，忽视了暴露的时间，必然会对听力造成隐形伤害。

1.家务噪声影响听力

家电产品如抽油烟机、榨汁机、吸尘器等，音量都超过了85分贝，因此国外专家建议，在做家务时最好戴上耳塞。一般来说，耳朵如果没有受到保护，在85分贝的环境下所能容忍的时间是8小时，每增加3分贝，容忍的时间就要减半，到100分贝时就只能容忍15分钟了。

2.电视、音响噪声伤害听力

很多人看电视的时候喜欢将音量调大，有时候甚至会有种被声音"打到"的感觉，这就代表压力已经传进耳朵，产生了伤害。因此，一旦出现了突如其来的听力下降、耳鸣、耳闷，就应立刻前往耳鼻喉科进行详细检查并对症治疗。然而，针对音响所引起的听力损伤,目前并没有方法直接治愈,经治疗后,可能几天后听力就恢复了,但也可能会留下耳鸣的后遗症,甚至无法完全恢复。

3.坐地铁听音乐也会伤听力

戴耳机听音乐未必会损伤听力,重点在音量。许多人之所以要戴耳机,是想隔绝外在嘈杂的声音,或打发无聊的时间。但专家提醒,在嘈杂的环境下,特别是坐地铁、公交车时,环境音量可能已达到80分贝以上,为了听得更清楚,耳机音量势必比80分贝更高,甚至还会飙破100分贝,每天累积下来,就会对听力造成严重伤害。

4.长时间打电话易损伤听力

除了听音乐,煲电话粥也可能会伤害听力。一般人都喜欢用单侧耳朵接听电话,若将音量调得太高,也容易引起听力损伤。

二、噪声太大,妨碍睡眠

40~50分贝较轻的噪声干扰,会使人从熟睡状态变成半熟睡状态。人在熟睡状态时,大脑活动是缓慢而有规律的,能够得到充分的休息;而半熟睡状态时,大脑仍处于紧张、活跃的阶段,人们就得不到充分的休息,体力也无法恢复。所以,休息睡眠时噪声不能超过50分贝。

噪声的恶性刺激,严重影响我们的睡眠质量,并会导致头晕、头痛、失眠、多梦、记忆力减退、注意力不集中等神经衰弱症状,以及恶心、欲吐、胃痛、腹胀、食欲呆滞等消化道症状。

营养学家研究发现,噪声还能增加人体中的维生素、微量元素氨基酸、谷氨酸、赖氨酸等必需营养物质的消耗量,影响健康;令人肾上腺分泌增多,心跳加快,血压上升,引发心脏病;使人唾液、胃液分泌减少,胃酸降低,患上胃溃疡和十二指肠溃疡。

三、高分贝噪声,无法沟通

沟通噪声是指一切影响沟通的消极、负面、阻碍因素。管理沟通噪声存在于管理沟通过程的各个环节,给沟通造成失误、失败、损耗或失真。其主要包括发送噪声、传输噪声、接收噪声、系统噪声、环境噪声、背景噪声及数量噪声七大噪声。

沟通是一个复杂的过程,这个过程中的每一个环节都会影响沟通的效果,因此,在沟通的过程中,要注意以下几个问题:

（1）符号通常是约定俗成的，沟通时要使用双方都懂的符号；

（2）信息在传递和接收时受个体知识、态度、经验和文化背景的影响，即不同的人会对同一符号有不同理解；

（3）由于接收者的选择性，所以要对接收者进行充分的了解才能取得预期的效果。

第三节　如何削弱噪声

一、明确噪声治理范围

噪声治理范围主要包括建筑施工施、空压机房、发电机房、冷却塔、工业冷冻机房、中央空调机房等工业生产场所；卡拉OK厅、歌舞厅、影剧院、写字楼、大超市、溜冰场等文化娱乐场所。要点如下：

1. 加强交通噪声污染防治

要全面落实《地面交通噪声污染防治技术政策》，噪声敏感建筑物集中区域（以下简称"敏感区"）的高架路、快速路、高速公路、城市轨道等道路两边应配套建设隔声屏障，严格实施禁鸣、限行、限速等措施。加快城市市区铁路道口平交改立交建设，逐步取消市区平面交叉道口；控制高铁在城市市区内运行的噪声污染；加强机场周边噪声污染防治工作，减少航空噪声扰民纠纷。

2. 强化施工噪声污染防治

要严格执行《建筑施工场界噪声限值》，查处施工噪声超过排放标准的行为。加强施工噪声排放申报管理，实施城市建筑施工环保公告制度。依法限定施工作业时间，严格限制在敏感区内夜间进行产生噪声污染的施工作业。实施城市夜间施工审批管理，推进噪声自动监测系统对建筑施工进行实时监督，鼓励使用低噪声施工设备和工艺。

3. 推进生活噪声污染防治

要严格实施《社会生活环境噪声排放标准》，禁止商业经营活动在室外使用音响器材招揽顾客。严格控制加工、维修、餐饮、娱乐、健身、超市及其他商业服务业噪声污染，有效治理冷却塔、电梯间、水泵房和空调器等配套服务设施造成的噪声污染，严格管理敏感区内的文体活动和室内娱乐活动。积极推行城市室内综合市场，取缔扰民的露天或马路市场。对室内装修进行严格管理，明确限制作业时间。在已竣工交付使用的居民住宅楼内，严格控制产生噪声的装修作业。加强中高考等国家考试期间绿色护考工作，为考生创造良好的考试环境。

4.深化工业企业噪声污染防治

要贯彻执行《工业企业厂界环境噪声排放标准》，查处工业企业噪声排放超标扰民行为。加大敏感区内噪声排放超标污染源关停力度，每年都要关停、搬迁和治理一批噪声污染严重的企业，实现敏感区内工业企业噪声排放达标。加强工业园区噪声污染防治，禁止高噪声污染项目入园区。开展乡村地区工业企业噪声污染防治。

二、控制噪声传播途径

在控制和治理噪声源时，如果效果不佳或是由于经济、技术上的原因而无法降低声源噪声，就要在噪声的传播途径上采取适当的措施。

1.利用"闹静分开"的方法降低噪声

居民住宅区、医院、学校、宾馆等都需要环境安静，故应与商业区、娱乐区、工业区分开布置。在工厂内应合理布置生产车间与办公室的位置，要将噪声大的车间集中起来，安置在下风头；办公室、实验室等要与车间分开，安置在上风头。噪声源尽量不要露天放置。

2.利用地形和声源的指向性降低噪声

如果噪声源与需要安静的区域之间有山坡、深沟等，就可以利用这些自然屏障减少噪声的干扰。另外，声源具有指向性，可利用这一特性使噪声指向有障碍物或对安静要求不高的区域。而医院、学校、居民住宅区、办公场所等需要保持安静，就要尽量避开声源的指向，减少噪声干扰。

3.利用绿化降低环境噪声

种植树木、矮灌木、草坪，在光滑的墙壁上种植绿色植物等，就能减少噪声源对周边工厂企业、学校等噪声干扰。试验表明，绿色植物减弱噪声的效果与林带的宽度、高度、位置、配置方式及树木种类有密切关系。比如，多条窄林带的隔声效果就比只有一条宽林带好，林带的位置尽量靠近声源降噪效果更好。因此，林带应将乔木、灌木和草地结合在一起，形成一个连续、密集的隔声带。树种的选择，乔木、阔叶树的吸声效果要比针叶好，灌木丛的吸声效果更为显著。

4.采用声学控制方法

对于工业噪声而言，最有效的办法还是在噪声的传播途径上采用声学控制措施，常用的噪声控制治理技术包括吸声、隔声、隔振、消声等。

第七章 特殊污染——减少不利影响

第一节 光污染

一、种类繁多的光污染

光污染是继废气、废水、废渣和噪声等污染之后的一种新的环境污染源,严重威胁着人们的健康。

在日常生活中,常见的光污染多为由镜面建筑反光所导致的行人和司机的眩晕感,以及夜晚不合理灯光给人体造成的不适感。

国际上,一般将主要光污染分成3类,即白亮污染、人工白昼和彩光污染。

1. 白亮污染

当太阳光照射强烈时,城市建筑物的玻璃幕墙、釉面砖墙、磨光大理石和各种涂料等装饰就会反射光线,明晃白亮、炫眼夺目,容易造成白亮污染。研究发现,长时间在白亮污染环境下工作和生活的人,视网膜和虹膜都会受到程度不同的损害,视力也会急剧下降,白内障的发病率高达45%。此外,还会出现头昏心烦、失眠、食欲下降、情绪低落、身体乏力等类似神经衰弱的症状。

夏天,玻璃幕墙的反射光进入附近居民楼房内,会增加室内温度,对正常生活造成影响。有些玻璃幕墙是半圆形的,反射光汇聚到一起,还容易引起火灾。烈日下驾车行驶的司机一旦遭到玻璃幕墙反射光的突然"袭击",眼睛受到强烈刺激,很容易诱发车祸。

据光学专家研究,镜面建筑物玻璃的反射光比阳光照射更强烈,其反射率高达

82%~90%，几乎全被反射，大大超过了人体所能承受的范围。

2.人工白昼

夜幕降临后，商场、酒店上的广告灯、霓虹灯纷纷亮起，令人眼花缭乱。有些强光束甚至直冲云霄，使得夜晚如同白天一样，就是所谓的人工白昼。在这样的"不夜城"里，过强的光源会影响了他人的日常休息，夜晚难以入睡，扰乱人体正常的生物钟。天空太亮，看不见星星，还会影响天文观测、航空等，致使天文台被迫停止工作。据天文学统计，在夜空不受光污染的情况下，可以看到的星星约为7 000颗，而在路灯、背景灯、景观灯等乱射的大城市里，只能看到20~60颗星星。

3.彩光污染

为了营造梦幻般的感觉，舞厅、夜总会通常都会安装黑光灯、旋转灯、荧光灯等，这些闪烁的彩色光源容易造成彩光污染。根据光污染影响范围的大小，可以将光污染分为"室外视环境污染""室内视环境污染"和"局部视环境污染"。其中，室外视环境污染包括建筑物外墙、室外照明等；室内视环境污染包括室内装修、室内不良的光色环境等；局部视环境污染包括书簿纸张和某些工业产品等。

彩色光源让人眼花缭乱，不仅会伤害眼睛，还会干扰大脑中枢神经，使人感到头晕目眩，出现恶心呕吐、失眠等症状。长期处在彩光灯的照射下，也会不同程度地引起倦怠无力、头晕、神经衰弱等身心方面的病症。

此外，过度的彩光污染，还会严重破坏生态环境，甚至对交通安全、航空航天等也会造成消极影响。在政府对光源进行有效调整之前，我们一定要注意远离类似的污染源。

二、光污染对人类的危害

1.损害眼睛

人们都知道水污染、大气污染、噪声污染等对人类健康的危害，却忽视了潜在的威胁——光污染。其后果是引发了各种眼疾，特别是近视比率的迅速攀升。

20世纪30年代，科学研究发现，荧光灯的频繁闪烁会迫使瞳孔频繁缩放，造成眼部疲劳。如果长时间被强光刺激，会导致视网膜水肿、模糊，严重的会破坏视网膜上的感光细胞，甚至使视力受到影响，且光照越强，时间越长，对眼睛的刺激就越大。

为了挽救视力，中国每年都要投入大量资金和人力，但效果却不明显，原因就是忽视了视觉环境的改善，而这才是应对近视的根本。视觉环境是形成近视的主要原因，而不是用眼习惯。

随着城市建设的发展和科学技术的进步，建筑和室内装修采用镜面、瓷砖和白粉墙的正在日益增多，近距离读写使用的书簿纸张越来越光滑，长期置身于"强光弱色"的人造视环境中怎么不会伤了眼睛？

据科学测定，一般白粉墙的光反射系数为60%~80%，镜面玻璃的光反射系数为82%~88%。而光滑粉墙和洁白书簿纸张的光反射系数更是高达90%，比草地、森林或毛面装饰物面高10倍左右，大大超过了人体所能承受的生理适应范围，构成了现代新的污染源。不仅会对人眼的角膜和虹膜造成伤害，还会抑制视网膜感光细胞功能的发挥，引起视疲劳和视力下降。

调查和测定结果还表明，大多数歌舞厅的激光辐射压已超过极限值。高密集的热性光束通过眼睛晶状体再集中于视网膜时，聚光点的温度可以达到摄氏70度，不但可导致人的视力受损，还会使人出现头痛头晕、出冷汗等大脑中枢神经系统病症。

2. 诱发癌症

多个研究指出，夜班工作与乳腺癌和前列腺癌发病率的增加有着一定的相关性。2001年美国《国家癌症研究所学报》发表文章称，西雅图一家癌症研究中心对1 606名妇女调查后发现，夜班妇女患乳腺癌的概率比常人高60%；上夜班时间越长，患病可能性越大。2008年《国际生物钟学》杂志的报道证实了这一说法。科学家对以色列147个社区调查后发现，光污染越严重的地方，妇女罹患乳腺癌的概率越大。原因可能是非自然光抑制了人体的免疫系统，影响了激素的产生，内分泌平衡遭破坏而导致癌变。

3. 情绪变坏

动物模型研究已证明，当光线不可避免时，就会对情绪产生不利影响，会增加压力和焦虑感。

"光谱光色度效应"测定显示，如果白色光的心理影响为100，则蓝色光为152，紫色光为155，红色光为158，紫外线为187。长期处在彩光灯的照射下，就会感到烦躁、易怒，情绪不稳定。

由此可见，光污染已经严重威胁到人类的健康生活和工作效率，给人们造成了巨大的损失。为此，关注视觉污染，改善视觉环境，已经刻不容缓。

三、采取有措施防止光污染

要想防止光污染，可以采取的措施有：

1. 加强城市规划管理，合理布置光源

要加强对广告灯和霓虹灯的管理，禁止使用大功率强光源，控制使用大功率民用激光装置，限制使用反射系数较大的材料。同时提醒人们，切勿在光污染地带长时间滞留。

若光线太强,房间可安装百叶窗或双层窗帘,根据光线强弱作相应调节。更要鼓励全民动手,在建筑群周围栽树种花、广植草皮,改善和调节采光环境等。

2. 制定与光污染有关的技术规范和法律法规

在我国城市夜景观建设迅速发展的时候,要尽快制定景观照明的技术标准。另外,还要加强夜景观设计、施工的规范化管理。我国目前从事灯光设计施工人员,专业技术人员很少,夜景观设计不科学,造成了很多的光污染和光干扰,规范化管理十分必要。

3. 大力推广使用新型节能光源

现阶段虽然多数地方都会自觉使用节能光源,但还有一些场所未能做到这一点,仍需要大力推广。

(1) 改善照明系统。密闭式的固定光源,不仅光线不会被散射,还能改善光源的发射方法及方向,减少照明系统的开启。

安装密闭式照明系统,可以减少光线泄漏到发射平面以上空间的可能。密闭式照明系统可以防止不必要的光线泄漏,减少炫目的光线。光线不再散射,人们受到不必要光线影响的可能性就大大地减少。此外,密闭式照明系统还能有效运用能量,因为光线会被照射到需要的地方而非不必要地散射至天空。

密闭式固定光源可以让使用低能量消耗的灯泡变得更亮,有时效果甚至比使用高能量消耗但散射的灯泡还要好。此外,基于其特别的照射方向,为了达到最佳效果,密闭式固定照明系统有时亦需要专业技师来安装。

(2) 调整照明系统。不同的照明系统有不同的特性及效能,但照明系统经常被错配,从而造成光害。其实,只要选择恰当的照明系统,光害的影响便可尽量地减少。

很多天文学家向社会推荐使用低压钠蒸气灯,因为这种灯单波长,释放出的光线极易隔滤,而且价格不高。在1980年,美国加利福尼亚州圣荷西将所有街灯均改为使用低压钠蒸气灯,为附近的利克天文台观星活动提供了极大的便利。可是由于其体积较大,颜色不易分辨,因此很多政府部门便使用了更容易控制的高压钠蒸气灯来为街灯提供照明。

(3) 重订照明计划。有时,重订现有的照明计划会更有效,如关掉非必要的户外照明系统,只在有人的露天大型运动场打开照明系统,就能减少光害。如今已经有很多国家开始重订照明计划,如英国为了保护环境,已提出了详细的郊区照明计划;加拿大亚伯达省卡加利,在2002年至2005年间将大部分住宅区换成更高效率的街灯。如此,不仅可以保护环境,还节省了开支。

第二节　电磁波辐射

一、什么是电磁波辐射

电磁波辐射又称电子烟雾,由空间共同移送的电能量和磁能量组成,而该能量则由电荷移动所产生。

如今,电磁波辐射已被世界卫生组织列为继水源、大气、噪声之后的第四大环境污染源,成为危害人类健康的隐形"杀手"。长期、过量的电磁辐射会对人体生殖、神经和免疫等系统造成伤害,是皮肤病、心血管疾病、糖尿病、癌突变的主要诱因。而家用电器、手机电脑等更是电磁波辐射的最大来源。

电磁波辐射是一种复合电磁波,以相互垂直的电场和磁场随时间的变化而传递能量。人体生命活动包含一系列的生物电活动,这些生物电对环境的电磁波非常敏感,因此,电磁波辐射可以对人体造成影响和损害。

概括起来,电磁波辐射对人体的危害,表现为热效应和非热效应两大方面。

1. 热效应

人体70%以上是水,水分子受到电磁波辐射后相互摩擦,机体就会升温,从而影响到体内器官的正常工作。体温升高会引发各种症状,如心悸、头胀、失眠、心动过缓、白细胞减少,免疫功能下降、视力下降等。

2. 非热效应

人体的器官和组织都存在微弱的电磁场,它们是稳定和有序的,一旦受到外界电磁场的干扰,处于平衡状态的微弱电磁场就会遭到破坏,人体也会遭受损害。这主要还在于低频电磁波产生的影响,即人体被电磁波照射后,体温虽然没有明显升高,但已经干扰了人体固有的微弱电磁场,使血液、淋巴液和细胞原生质发生改变,对人体造成严重危害,影响人体的循环、免疫、生殖和代谢功能等。

对人体的非热效应主要体现在以下几个方面:

(1)神经系统。人体反复受到电磁波辐射后,中枢神经系统及其他方面的功能就会发生变化,如出现心动过缓等。

(2)感觉系统。低强度的电磁波辐射,可使人的嗅觉机能下降,当人头部受到低频小功率的声频脉冲照射时,就会听到好像机器响、昆虫或鸟儿鸣的声音。

(3)免疫系统。研究发现,长期接触低强度微波的人,与同龄正常人相比,其体液与细胞免疫能力大幅下降。

(4)内分泌系统。低强度微波辐射,会让人的丘脑—垂体—肾上腺功能发生紊乱,继而影响到内分泌功能。

(5)遗传效应。微波能损伤染色体。

这里需要强调的是,热效应和非热效应作用于人体后,对人体的伤害如果没有自我修复(通常所说的人体承受力——内抗力),再次受到电磁波辐射,其伤害程度就会发生累积,久而久之就会危及生命。长期接触电磁波辐射的群体,即使功率很小,频率很低,也可能会诱发意想不到的病变。

要想预防这种影响,除了远离辐射源,还应该积极补充抗氧化剂,如维生素C、维生素E、β-胡萝卜素、番茄红素、葡萄籽、虾青素等含量多的食品。

二、防治电磁污染的对策

关于电磁污染标准的学界争论还在继续,但在各种电磁辐射环境中工作与生活的我们,作为世界上平凡而弱小生命的一员,又该如何预防并减轻电磁辐射对自身的伤害呢?

1.从家用电器入手防止电磁污染

(1)不要把家用电器摆放得过于集中,更不要经常一起使用,以免使自己暴露在超剂量辐射的危害之中。特别是电视、电脑、冰箱等电器更不宜集中摆放在卧室里。

(2)各种家用电器、移动电话等都应尽量避免长时间操作。如果电视、电脑等电器确实需要较长时间使用,至少每1小时就要离开一次,采用眺望远方或闭上眼睛的方式,减少眼睛的疲劳程度和辐射影响。

(3)电器暂停使用时,最好不要让它们处于待机状态,否则会产生较微弱的电磁场,长时间也会产生辐射积累。

(4)使用各种电器时,应保持一定的安全距离。如眼睛离电视荧光屏的距离,一般为荧光屏宽度的5倍左右;微波炉在开启之后要离开至少1米远,孕妇和小孩应尽量远离微波炉;手机在使用时,应尽量使头部与手机天线的距离远一些,最好使用分离耳机和话筒接听电话。

(5)男性生殖细胞和精子对电磁辐射更为敏感。因此,男性应尽量减少与电磁波频繁、密集的接触,而且接触时也要保持安全距离,一般是半米以上。

2. 重视生活防辐

很多上班族，尤其是办公室的"电脑一族"，为了自我保护，会采取种种防护措施，如防辐射毯衣服、面罩、防辐射保护膜等。其实，就连家中的部分建材也会产生辐射，如天然大理石、瓷砖等，因此建议家中要经常通风。同时，要减少使用小家电的时间，最好不要在电脑主机正后方工作，手机充电时更不要打电话。

当然防辐射最好的方法还是躲，要尽量远离辐射物，尽量减少接触辐射源的时间和频率，例如，在医院，尽量不要频繁地进行像CT、X光、透视等检查。CT检查的放射量较大，而女性比男性对放射线更敏感，特别是孕妇，更要严禁做CT检查。

3. 工作中防止电磁污染

长期处于超剂量电磁辐射环境中，应注意采取以下自我保护措施：

（1）工作在高压线、变电站、电台、电视台、雷达站、电磁波发射塔附近的人员，经常使用电子仪器、医疗设备、办公自动化设备的人员，以及生活在现代电气自动化环境中的人群，特别是抵抗力较弱的孕妇、儿童、老人及病患者，需配备电磁防护服等，将电磁辐射最大限度地阻挡在身体之外。

（2）电脑等有显示屏的电器设备，要安装电磁辐射保护屏，还可佩戴防辐射眼镜，以防止屏幕辐射出的电磁波直接作用于人体。电脑等电器的屏幕产生的辐射会导致人体皮肤干燥缺水，加速皮肤老化，严重的会导致皮肤癌，故在使用完上述电器后应及时洗脸。

（3）手机接通瞬间释放的电磁辐射最大，最好把手机拿远一点，等手机接通之后再拿近听，或者佩戴防辐射耳机接打电话。

4. 健康饮食，正确防辐

用食补的方式也能中和电磁辐射。多吃富含维生素B的食物，如胡萝卜、油菜、卷心菜及动物肝脏等，有利于调节人体电磁场紊乱状态，能够增加机体抵抗电磁辐射污染的能力。

另外，还要多吃富含蛋白质、番茄红素和水溶性膳食纤维的食物，如海带含有丰富的碘、钙、铁、维生素A等营养成分，可有效对抗辐射；猪血、黑木耳等，可与人体含辐射的金属微粒发生反应，使之溶解排出。

第三节 其他污染

一、环境激素和微生物污染

1.环境激素

环境激素是指外因性干扰生物体内分泌的化学物质。这些物质可模拟体内的天然荷尔蒙,与荷尔蒙的受体结合,影响本来身体内荷尔蒙的量,使身体产生对体内荷尔蒙的过度作用,使内分泌系统失调,进而阻碍生殖、发育等机能,甚至有引发恶性肿瘤与生物绝种。

(1)环境激素的危害。

含有这种激素成分的物质,被人食用或使用后就会产生不良反应。如使用化妆品、洗洁剂,食用瓜果、蔬菜、肉类、食品等,一旦环境激素进入人体,会让人体内的内分泌系统误认为是天然荷尔蒙,而加以吸收,占据人体细胞中正常荷尔蒙的位置,从而引发内分泌紊乱,造成人体正常激素调节失常。具体表现为发育障碍、生殖异常、器官病变、畸胎率增加、母乳减少、男性精子数下降、精神异常、情绪多变等,是男性女性化和女性男性化的罪魁祸首。

研究发现,育龄妇女长期遭受环境激素的污染,会使受孕胎儿畸形的可能性大大增加。

(2)环境激素预防。

环境激素几乎无处不在,要杜绝它不太可能,唯有尽量减少向环境中释放环境激素等有害化学物质,加强对人工合成化学物质从生产到应用的管理,停用或替代目前正在使用的包括杀虫剂、塑料添加剂等在内的环境激素。具体来说,有以下预防措施:

1)尽量减少使用一次性用品。垃圾(特别是废旧塑料制品垃圾)焚烧能产生大量二噁英,释放出大量环境激素,所以应尽可能减少使用一次性用品,如一次性饭盒、一次性卫生用品、一次性婴儿尿布等。出门在外,要带着自己的筷子、餐盒、杯子、牙刷等洗漱用品,更加方便舒适。

2)在日常生活中尽量使用布袋、菜篮子等。塑料袋不仅会增加垃圾数量、占用耕地、污染土壤和地下水,更为严重的是它在自然界中上百年不能降解,若进行焚烧,又会产生二噁英等有毒气体。

3)选用大瓶、大袋包装的食品。商品的过分包装,加重了自然界的生态负担和消费者的经济负担。据统计,在工业化国家,包装废弃物几乎占家庭垃圾的一半。在日常生活中选用大瓶、大袋包装的食品，可减少包装的浪费和对环境的污染。

4）不用聚氯乙烯塑料容器在微波炉中加热。聚氯乙烯塑料制品中添加的增塑剂邻苯二甲酸酯类化合物是一种环境激素，可能在高温中渗出。

5）不用不合格的塑料奶瓶。将开水倒入聚碳酸酯制成的奶瓶中，双酚A会溶出。因此，要尽量用玻璃制品。

6）不用泡沫塑料容器泡方便面或饮用热水。方便面容器90%以上采用的是聚苯乙烯泡沫塑料，而原料苯乙烯是一种致癌的环境激素类物质。在这类容器中倒入开水，苯乙烯就会溶出。

7）多用肥皂，少用洗涤剂。肥皂由天然原料脂肪加上碱制成，使用后排放出去，很快就能由微生物分解。而洗涤剂成分复杂，多含有各种苯酚类有机物，是重要的激素来源，特别是含磷洗涤剂的使用，是水体富营养化的罪魁祸首之一。

8）少用室内杀虫剂。杀虫剂是环境激素的一种，具有强毒性、高残留性，一旦在生物圈中循环，就会破坏生态平衡，损害人的神经系统，诱发多种病变，是人类健康的重大隐患。特别是在密闭的室内，杀虫剂会富集和残留，一旦浓度达到一定程度，就会损害居住者健康。

9）简化房屋装修。装修房屋不仅浪费资源，还会为健康带来隐患。如氡气存在于建筑材料中，可诱发肺癌；石棉是强致癌物质，存在于耐火材料、绝缘材料、水泥制品中；家具黏合剂中的甲醛可引起皮肤过敏，刺激眼睛和呼吸道，并具有致癌和致畸作用；苯等挥发性有机物存在于装修材料、油漆和有机溶剂中，多具有较大的刺激性和毒性，能引起头痛、过敏和肝脏受损；甲醛、苯等物质可释放环境激素，危害人体健康。

10）回收废旧电池。电池中含有镉、铅、锌、汞等，在电池腐烂后，有毒金属会渗入土壤、水体中，最后会通过食物链进入，进入人体，继而引发严重的疾病。为防治电池对环境的污染，要将电池收集到一起，到一定数量后，送到指定地点统一处理，以减少对环境的危害。

11）多食用谷物和黄绿叶菜。据研究，多食用谷物和黄绿叶菜，如糙米、小米、黄米、荞麦、菠菜、萝卜、白菜等，有利于化学毒物从体内排出；饮茶有助于将体内的环境激素排出体外。

2.微生物污染

微生物污染是指由细菌与细菌毒素、霉菌与霉菌毒素和病毒造成的食品生物性污染。据世界卫生组织估计，在全世界每年数以亿计的食源性疾病患者中，大多是由于食用了各种致病性微生物污染的食品和饮水造成的。

（1）污染种类。

微生物污染包括以下三种类型：

1）有害微生物污染。因环境条件的变化打破了正常的生态平衡体系，抑制了一些微生物生长，同时促进了另一些微生物的生长，如此就会形成不同于正常微生物群落结构的有害微生物群落，改变了原来的生态功能，从而直接或间接地影响其他生物的生存。这类微生物污染的毒性作用范围更广，后果更为严重。

有害微生物群落的物种构成可能包括细菌、真菌、藻类、原生动物等各种微生物，不仅包括了有害微生物种类，还包括一些正常条件下的有益微生物种类。对于生态毒理学来说，凡是对生态系统有害的微生物及其群落均为有害微生物。因此，这类微生物群落的种群并不是确定的，会随着环境条件的变化而改变。

2）病原微生物污染。病原微生物污染是指未处理的食品工业污水、医院污水和生活污水以及未腐熟的粪肥，常携带大量的致病微生物，用来在蔬菜上灌溉和施用所造成的污染。引起人与动物生病的病原微生物种类有很多，有寄生虫、真菌、细菌、病毒、阮病毒等。

迄今为止，已发现有100多种病毒与人类和动物的疾病有关。这些病毒对抗生素不敏感，已经成为人与动物最凶悍的杀手。它们是一类只有核酸和蛋白质组成的生命体，没有独立生存能力，具有极强的病毒的繁殖能力，仅用很短时间，就会在一个宿主细胞内产生10多万个病毒，造成宿主细胞崩解和组织系统损伤。

一般认为，人与动物的病原真菌并不多，只有400多种。病原真菌对动物的毒性作用并不太强，但它们是最顽固的病原微生物，染病后很难治愈与根除。

3）微生物毒素污染。微生物毒素污染是指因微生物在适宜条件下，于粮油上繁衍生存产生的毒素污染。

各类微生物，包括病毒、细菌、真菌、藻类和原生动物等，都会合成微生物毒素。微生物毒素种类繁多、结构多样、功能各异。目前，已发现的细菌毒素有220多种，真菌毒素不少于200种，藻类和线虫毒素也有很多种。

（2）污染途径。

常见的微生物污染是空气的微生物污染和水的微生物污染。空气虽然不是微生物产生和生长的自然环境，不具备其生长所需要的水分和养料，但由于人们的生产和活动使空气中可能存在某些微生物，包括一些病原微生物如结核杆菌、白喉杆菌、金葡菌、流感病毒、麻疹病毒等，也会引发疾病传播。

室内空气微生物污染是呼吸道传播疾病的主要原因，微生物可附着于尘埃、飞沫小滴以及小滴核上，并以它们作为介质进人体内而引起疾病。易感者只要与传染源进行短时间的接触，就可能发病。病原微生物通过空气传播的疾病主要有：肺结核、肺炎链肺炎、流行性脑脊髓膜炎、白喉、百日咳流行性感冒、流行性腮腺炎、麻疹、天花、水痘等。

水是微生物广泛分布的天然环境，无论地面水、地下水，还是雨水或雪水都含有多种微生物。水中的微生物大部分来自土壤，小部分是和尘埃一起由空气中沉降下来的，还有一小部分是随垃圾、人畜粪便以及某些工业废弃物进入水体的。水体中的病原体主要来自人畜粪便。某些病原微生物污染水体后可引起传染病的暴发流行，严重威胁着人类健康。

现代流行病学统计表明，由于饮水而引起的疾病占总发病数的一半以上。通过水传播的疾病主要有沙门氏杆菌病、志贺氏菌病、霍乱、副霍乱、弯曲杆菌性肠炎、病毒性肝炎、病毒性胃肠炎、阿米巴痢疾等，其中以胃肠道疾病最常见。

（3）预防措施。

要想预防微生物的污染，就要减弱或消除微生物污染食品的各种因素和机会。首先，要严控原材料的收集、前处理、加工、运输及贮藏等各个环节，加强环境卫生的管理，从生产环境、设备和工作人员等各方面尽可能地减少微生物污染食品的机会，防止微生物污染食品。其次，食品原料在加工前，不论是动物性还是植物性来源，都会受到一定程度的微生物污染，因此要选择优质健康的原材料进行生产。第三，原材料的运输和贮藏会进一步增加微生物污染的机会，要制定抑制或杀灭微生物的措施，防止微生物的迅速繁殖，从而避免在加工前发生原料的腐败变质。

此外，还需要做以下措施来预防微生物污染带来的危害：

①加强卫生宣传。告诉群众，不吃不清洁的食物。凡是肉、鱼、蛋等食品均应煮熟后食用。夏季应有防蝇设备，积极消灭老鼠、苍蝇、蟑螂等。蔬菜食用前必须用清水洗净，最好熟食。夏季吃生冷蔬菜及瓜、果时均应洗净，最好用开水烫过。剩余的隔餐饭菜，特别是肉类，食前应重新加热。

②作好患传染病病畜及家禽的隔离及治疗。病畜在宰后或病死后，除炭疽病外（可请当地兽医确定），一般均可食用，但食用时必须将其煮熟。切、盛生肉的用具，不要再用来切、盛熟肉或其他食品，如果必须使用，应煮沸消毒或用开水烫洗过。

③食品工作人员，应搞好个人卫生，工作前、大小便后要洗手。伤寒、痢疾、传染性肝炎等病的患者或带菌者，应调离或治愈后再从事本项工作。

二、餐桌污染

餐桌污染指的是食品安全问题，主要包括食品添加剂、农药兽药、生猪私屠滥宰、水产品、农村食品市场、调味品、餐具和食品包装材料、保健食品等范围的违规违法生产问题。

餐桌污染问题直接影响到人民群众的身体健康和生命安全，更会影响农产品在国际市场的竞争力，是近年来困扰百姓日常生活的热点、难点问题，也是中国新阶段农业和农村经济工作必须解决的一个重大社会问题；同时，提高人民生活水平和质量，又是全面建设小康社会的根本目的。

以瘦肉精为例，瘦肉精是一种名叫盐酸克伦特罗的兽药，本用来治疗兽类哮喘病，因为有助于生猪瘦肉增长，被许多人用作生猪饲料添加剂。长期食用含有瘦肉精的猪肉，会对人体的心脏、肝、肾器官造成严重损害。

研究表明，约50%的癌症与饮食因素有关，三分之一的癌症都是人们"吃"出来的。提高农产品质量，保护人民群众的身体健康和生命安全已是当务之急。

三、食品污染

食品本身不会含有有毒有害的物质。但是，食品在种植或饲养、生长、收割或宰杀、加工、贮存、运输、销售到食用前的各个环节中，由于环境或人为因素的作用，可能会受到有毒有害物质的侵袭而造成污染，使食品的营养价值和卫生质量降低。这个过程就是食品污染。

1.食品污染的种类

食品中混进了对人体健康有害或有毒的物质，就会造成食品污染，污染食品的物质称为食品污染物。食用受污染的食品会对人体健康造成不同程度的危害。其可分为生物性污染和化学性污染。

（1）生物性污染。

生物性污染主要是由有害微生物及其毒素、寄生虫及其虫卵和昆虫等引起的。

①肉、鱼、蛋和奶等动物性食品一旦被致病菌及其毒素污染，食入人体，就会发生细菌性食物中毒和人畜共患的传染病。致病菌主要来自病人、带菌者和病畜、病禽等。致病菌及其毒素可通过空气、土壤、水、食具、患者的手或排泄物污染食品。被致病菌及其毒素污染的食品，特别是动物性食品，如果未经加热处理就食用，会引起沙门氏菌或金黄色葡萄球菌毒素等细菌性食物中毒。食用被污染的食品还可引起炭疽、结核和布氏杆菌病（波状热）等传染病。

②受霉菌污染的农作物、空气、土壤和容器等都可使食品受到污染。部分霉菌菌株在适宜条件下，能产生有毒代谢产物，即霉菌毒素，危害人体健康。如黄曲霉毒素和单端孢霉菌毒素，对人畜都有很强的毒性，一次大量摄入被霉菌及其毒素污染的食品，会造成

食物中毒；长期摄入小量受污染食品，也会引起慢性病或癌症。有些霉菌毒素还能从动物或人体转入乳汁中，损害饮奶者的健康。

③微生物中含有的可分解有机物酶类一旦污染食品，在适宜条件下大量生长繁殖，食品中的蛋白质、脂肪和糖类就会在各种酶的作用下分解，使食品感官性状恶化，营养价值降低，甚至腐败变质。

④污染食品的寄生虫主要有绦虫、旋毛虫、中华枝睾吸虫和蛔虫等。污染源主要是病人、病畜和水生物。污染物一般是通过病人或病畜的粪便污染水源或土壤，然后再使家畜、鱼类和蔬菜受到感染或污染。

⑤粮食和各种食品的贮存条件不良，就会孳生各种仓储害虫，例如，粮食中的甲虫类、蛾类和螨类；鱼、肉、酱或咸菜中的蝇蛆以及咸鱼中的干酪蝇幼虫等。枣、栗、饼干、点心等含糖较多的食品特别容易受到侵害，为食品安全埋下隐患。

（2）化学性污染。

化学性污染主要指农用化学物质、食品添加剂、食品包装容器和工业废弃物的污染，以及汞、镉、铅、砷、氰化物、有机磷、有机氯、亚硝酸盐和亚硝胺及其他有机或无机化合物等所造成的污染。

造成化学性污染的原因有以下几种：

①农业用化学物质的广泛应用和使用不当。

②使用不合卫生要求的食品添加剂。

③使用质量不合卫生要求的包装容器，容器上的可溶性有害物质在接触食品时进入食品，如陶瓷中的铅、聚氯乙烯塑料中的氯乙烯单体等，都有可能转移进入食品。

④工业的不合理排放所造成的环境污染，也会通过食物链危害人体健康。

2.食品污染对人体健康的危害

（1）一次大量摄入受污染的食品，可引起急性中毒，即食物中毒，如细菌性食物中毒、农药食物中毒和霉菌毒素中毒等。长期（一般指半年到一年以上）少量摄入含污染物的食品，可引起慢性中毒。造成慢性中毒的原因较难追查，而影响更广泛，所以应格外重视。例如，摄入残留有机汞农药的粮食数月后，会出现周身乏力、尿汞含量增高等症状；长期摄入微量黄曲霉毒素污染的粮食，能引起肝细胞变性、坏死、脂肪浸润和胆管上皮细胞增生，甚至发生癌变。慢性中毒还可表现为生长迟缓、不孕、流产、死胎等生育功能障碍，有的还可通过母体使胎儿发生畸形。

（2）某些食品污染物还具有致突变作用。突变如果发生在生殖细胞，可使正常妊娠发生障碍，甚至不能受孕，导致胎儿畸形或早死。突变如发生在体细胞，可使在正常情况下不再增殖的细胞发生不正常增殖。与食品有关的致突变物有苯并（a）芘、黄曲霉毒素、DDT、狄氏剂和烷基汞化合物等。

（3）有些食品污染物可诱发癌症。与食品有关的致癌物有多环芳烃化合物、芳香胺类、氯烃类、亚硝胺化合物、无机盐类（某些砷化合物等）、黄曲霉毒素B_1和生物烷化剂（如高度氧化油脂中的环氧化物）等。例如，以含黄曲霉毒素B1的发霉玉米或花生饲养大鼠，可以诱发肝癌。

（4）食用被污染的食品导致机体损害，常表现为：
①急性中毒、慢性中毒以及致畸、致癌、致突变的"三致"病变。
②急性食品中毒。
③引起机体的慢性危害。

3.辨别食物腐败

食品是否腐败变质可以从以下几个方面去辨别：

（1）色泽变化。微生物繁殖引起食品腐败变质，食品色泽就会发生改变。常会出现黄色、紫色、褐色、橙色、红色和黑色的片状斑点或全部变色。

（2）气味变化。食品腐败变质会产生异味，如霉味臭、醋味臭、胺臭、粪臭、硫化氢臭、酯臭等。

（3）口味变化。微生物造成食品腐败变质，会引起食品口味的变化。而口味改变中比较容易分辨的是酸味和苦味，如番茄制品，微生物造成酸败时，酸味就会增高；牛奶被假单孢菌污染后会产生苦味；蛋白质被大肠杆菌、小球菌等微生物污染变质后也会产生苦味。

（4）组织状态变化。固体食品变质，可使组织细胞受到破坏，食品的性状会变形、软化；鱼肉类食品变质，会变得松弛、弹性差，有时组织体会表现出发黏等现象；粉碎后加工制成的食品，如糕鱼、乳粉、果酱等变质后会变得黏稠、结块、表面变形、潮润或发黏；液态食品变质后会出现浑浊、沉淀，表面出现浮膜、变稠等现象；变质的鲜乳可出现凝块、乳清析出、变稠等现象，有时还会产生气体。

4.防止食品污染措施

防止食品污染，不仅要注意饮食卫生，还要从各个细节着手。只有这样，才能从根本上解决问题。食品污染的防治措施主要有：

（1）开展卫生宣传教育。

（2）食品生产经营者要全面贯彻执行食品卫生法律和国家卫生标准。

（3）食品卫生监督机构要加强食品卫生监督，把好食品生产、出厂、出售、出口、进口等卫生质量关。

（4）加强农药管理。

（5）要加强食品运输、贮存过程中的管理，防止各种食品发生意外污染事故。

下篇

用药——善待地球，从我做起

第八章 环境监测——知己知彼，百战不殆

第一节 环境监测概述

一、明确环境监测的目标和任务

环境监测是指环境监测机构对环境质量状况进行监视和测定的活动。环境监测是通过对反映环境质量的指标进行监视和测定，以此来确定环境污染状况和环境质量的高低。环境监测的内容主要包括物理指标的监测、化学指标的监测和生态系统的监测。

1.目标

环境监测的目标是客观、全面、及时、准确地反映环境质量现状及发展趋势，为环境保护、环境管理、环境规划、污染源控制、环境评价提供科学依据。

2.任务

（1）根据国家环境质量标准，评价环境质量。

（2）根据污染物排放标准，确定污染程度，判别是否达标排放。

（3）根据污染特点、分布情况和环境条件，追踪寻找污染源，提供污染变化趋势，为实现监督管理、控制污染提供依据。

（4）收集本底数据，积累长期监测资料，为研究环境容量，实施总量控制、目标管理、预测预报环境质量提供数据。

（5）为保护人类健康、保护环境、合理使用自然资源，制定环境法规、标准、规划等服务。

（6）为环境科学研究、环境工程设计提供基础数据。

二、了解环境污染监测特征

由于环境污染具有自身的特点，环境监测也具有相应的特点，主要特点如下：

1. 生产性

环境监测的监测程序和质量保证了类似企业产品的生产工艺过程和管理模式，数据就是环境监测的产品。

2. 综合性

环境监测的内容广泛、污染物种类繁多、监测的方法手段各异、监测的数据处理和评价涉及自然和社会的诸多领域，因此环境监测具有很强的综合性。只有综合分析各种因素、综合运用各种技术手段、综合评价各种信息，才能对环境质量作出准确的评价。

3. 追踪性

针对环境污染具有的特点，环境监测采样必须多点位、高频数，监测手段必须多样化，测定方法必须具有较高灵敏度、选择性好，监测程序的每一环节必须有完整的质量保证体系，才能保证监测出的数据准确、可比和完整，才能准确查找出污染源、污染物，继而对污染物的影响进行追踪。

4. 持续性

环境监测工作只有连续而长期地进行，才能客观、准确地对环境质量及其变化趋势作出正确的评价和判断。

5. 执法性

具有相应资质的环境监测部门监测的数据是执法部门对企业的排污情况、污染纠纷仲裁等执法性监督管理的依据。

三、掌握环境监测的分类

环境监测的种类主要有：

1. 监视性监测

这种监测主要包括"监督性监测"（污染物浓度、排放总量、污染趋势）和"环境质量监测"（空气、水质、土壤、噪声等监测），是监测工作的主体，监测站第一位的工作。采用这种方法，可以掌握环境质量状况和污染物来源，评价控制措施的效果，判断环境标准实施的情况和改善环境取得的进展。

2. 特定目的监测

（1）污染事故监测。其是指污染事故对环境影响的应急监测，采用的方法有流动监测（车、船等）、简易监测、低空航测、遥感等。

（2）纠纷仲裁监测。主要针对污染事故纠纷、环境执法过程中所产生的矛盾进行监测，这类监测应由国家指定的、具有质量认证资质的部门进行。

（3）考核验证监测。主要指政府目标考核验证监测，包括环境影响评价现状监测、排污许可证制度考核监测、污染治理项目竣工时的验收监测、污染物总量控制监测、城市环境综合整治考核监测等。

（4）咨询服务监测。为社会各部门、各单位提供咨询服务性监测，如绿色人居环境监测、室内空气监测、环境评价及资源开发保护所需的监测。

3. 研究性监测

针对特定目的科学研究而进行的高层次监测，就是研究性监测。进行这类监测必须事先制定周密的研究计划，并联合多个部门、多个学科协作共同完成。

按监测介质或对象可以分为：

（1）水质监测。其监测项目包括理化污染指标和有关生物指标，还包括流速、流量等水文参数。

（2）空气检测。其可分为空气环境质量监测和污染源监测。空气监测时需要测定风向、风速、气温、气压、湿度等气象参数。

（3）土壤监测。重点监测项目是影响土壤生态平衡的重金属元素、有害非金属元素和残留的有机农药等。

（4）固体废物监测。其主要监测项目是固体废弃物的危险特性和生活垃圾特性，也包括有毒有害物质的组成含量测定和毒理学实验。

（5）生物监测与生物污染监测。生物监测是利用生物对环境污染进行监测；生物污染监测则是利用各种检测手段对生物体内的有毒有害物质进行监测，监测项目主要为重金属元素、有害非金属元素、农药残留和其他有毒化合物。

（6）生态监测。观测和评价生态系统对自然及人为变化所作出的反应，是对各生态系统结构和功能时空格局的度量，着重于生物群落和种群的变化。

（7）物理污染监测。指对造成环境污染的物理因子如噪声、振动、电磁辐射、放射性等进行监测。

四、遵守环境监测的程序和原则

1. 程序

由于环境中污染物质种类繁多,且同一种物质亦会以不同的形态存在,并且环境监测还会受到人力、监测手段、经济条件和设备仪器等的限制,故环境监测不能包罗万象地监测分析所有的污染物,应根据需要和可能,坚持以下程序:

(1)在实地调查的基础上,针对污染物的性质,选择毒性大、危害严重、影响范围大的污染物。

(2)采取可靠的测试手段和有效的分析方法,获得准确、可靠、有代表性的数据。

(3)对监测数据能作出正确的结论和判断。

2. 原则

考虑污染物本身的重要性和迫切性,以及监测项目的代表性,应对影响范围大的污染物优先监测。比如,造成局地污染严重的污染物与大规模世界性污染物相比,后者就具有优先监测的必要。同时,对于毒性大或具有潜在危险且污染趋势有可能上升的项目,也要优先监测。

世界上已知的化学品有700万种,而进入环境的化学物质已达10万种,不可能对每一种化学品都进行监测、实行控制,只能有重点、针对性地对部分污染物进行监测和控制。因此,必须确定一个筛选原则,对众多有毒污染物进行分级排队,从中筛选出危害性大、出现频率高的污染物作为监测和控制对象,如重金属、有毒有机物等。

第二节 环境监测分析及管理

一、环境监测数据的分析

环境监测数据的分析是运用丰富的、真实的、专业的数据来评价环境质量现状,环境的发展趋势,对过去和现在的环境状况进行全面而深入的了解,为环境规划提供科学依据。由于环境监测数据常常受到客观或主观因素的影响,所以必须确立完善的质量保证体系,才能保证监测数据质量的可靠性。

1. 监测数据的整理

为了便于日后工作的进行,对于监测所取得的数据应进行分类和整理,监测人员在监测工作中应该尽量采用标准的记录表格，专业、清晰地记录监测数据。对原始获得的数据和图表，要经过逐一检查并确认，将那些无用的或不能真实反映实际环境的监测数据筛选出来，保证数据简明实用。

2.利用统计规律分析数据

环境监测是以统计学为基础的，故常采用统计规律的分析方法。统计规律分析方法包含了对环境要素的质量进行各种数学模式评价方法，以及对监测数据进行解剖和分析。这种方法主要适用于环境调查、环境规划及环评工作。

3.环境效益分析

在环评监测、监督监测、例行监测等多种监测方法中，监督监测的分析数据比较少，数据合理性较容易判断。而对于分级数据较多的环评监测、例行监测来说，在较短的时间内判断出来的数据更为合理、准确、可靠。这些综合方法在实际工作中能够为环境保护的管理部门提供及时、准确的监测信息，有利于提高企业的工作效率，保证在较短的时间内获得最有效的信息。

4.利用监测项目的性质对监测值分析

监测人员要利用监测项目的性质对监测值进行分析。实际上，即使是同一水质的样品，根据其性质特点，使用不同的监测项目，也可以对监测值作出分析。

5.数据的合理性分析

影响环境变化的因素有很多，仅利用监测数据来分析环境状况是局限性的，应结合有关环境的各项要素进行分析，把理论与实践结合起来，对监测数据的合理性进行充分论证。在论证过程中要充分考虑各环境要素之间的互相影响，要对各监测数据进行联系和比对，对其合理性进行全面的分析和研究，保证得出的监测数据更准确、合理。

二、环境监测质量管理

环境监测质量管理是环境监测工作生命线，是实现环境监测有效管理的重要保证。加强对环境监测的质量管理，整个管理体系就会有序地、规范地、可控地运转，达到有效质量管理的目的。

一个良好的监测系统，可以将污染的源头扼杀在摇篮中，让人民的生活环境得到改善。一个良好的城市形象，也会直接影响整个城市的发展前景。因此，及时、准确地反映当地的环境状况，有利于政府政策、法规的制定和执行，有利于人民安居乐业、社会和谐与稳定。

环境监测工作的核心就是为政府、为企业、为民众提供准确的、权威性的、有代表性的、可比性的环境质量数据，而准确性是监测数据的灵魂。对环境检测过程进行监督和质量监控，可以保证监测数据的准确无误。

在现实工作中，环境监测质量管理贯穿了整个监测过程。因此，环境监测质量管理成了环境监测的重中之重。近年来，由于我国经济的快速发展，环境质量问题越来越多、越来越复杂、越来越严峻，环境监测工作技术越来越先进、任务越来越繁重，这就给环境监测质量管理工作提出了新的难题和挑战。如何来加强环境监测质量管理呢？

1. 提高认识，突出重要性

环境监测工作的重点就在监测获取环境要素的质量状况，提供环境质量的各种数据，数据的准确性、科学性、有效性有赖于方法程序的规范性、手段的正确性和分析的客观性。

如果在监测过程中的任何环节不规范、不正确，都可能导致所取得数据出现偏差，使数据失去有效性、客观性和权威性，所有的工作也就白做；如果数据是供政府作决策的，更会导致不可挽回的错误。环境监测质量管理的重要性显而易见，在环境监测过程中起到先防范、控过程、审结果、即纠错的作用，因此要把错误消灭在萌芽中。

管理者要提高认识，不厌其烦地反复强调质量管理的重要性，把质量管理意识灌输给每一位监测人员，使质量管控工作深入人心，从而养成良好的工作行为规范，确保质量管理工作落到实处，努力营造出一种"人人重视，环环落实"的严格质量管理的工作氛围。

2. 严格规范，环环落实，系统管理

严格质量管理才能保证监测数据准确性。从工作要素而言，质量管理可分为物的管理、人的管理和制度的管理。

（1）物的管理。只有设备仪器正常工作，才有可能取得准确的监测数据，所以对仪器设备的全方位监管是质管工作的重头戏，其中包括：

1）仪器设备的更新换代。随着科学技术的快速发展，环保监测技术和仪器也随着快速发展升级，一大批新的监测设备应运而生。新设备具有技术含量高、测量面广、性能好、精密度高、更容易操作等优点，所以必须注重设备的更新换代。

2）从仪器设备的采购、调试、使用、维护、检验等环节对仪器进行管理。例如在购买仪器时，应该首选国家标准计量主管部门批准并授权生产的标准设备；设备运回来后，要按照装卸和安装程序进行组装，并严格按照说明调试；遵照操作流程规范化使用；按要求进行日常维护和定时检修检测；建立一套设备管理制度，对仪器加以登记造册，给它们制作"户口本",把它们的相关资料记录完整,为管理提供便利。

(2)人的管理。就是对整个监测系统人员的管理,主要包括,加强人员技能培训,提高人员职业操守,建立一套完善的从业人员管理制度。

1)要想从源头上提高监测人员的素质,就要尽可能接收具有环保专业知识或相关工作经验的高学历人才,充实壮大监测队伍,从整体上提高人员素质。

2)在人员专业技术技能的培训上要敢于投入,要积极参加专业技术培训和各种技能比武比赛,从而有效地提高人员的理论水平和实际操作能力。

3)要想提高人员的思想认识水平,监测机构要不厌其烦地给人员灌输敬岗爱业的精神,让大家知道,数据的准确性就是监测机构的生命线;促使大家认真遵守监测工作的一切规章制度,严格执行操作规定和程序,确保数据的准确性。

(3)制度的管理

要建立一套监管系统,实行从上而下层层落实的纵向管理监管,如监测站主要负责人对各科室负责人的监督管理,各室负责人对各技术人员的监督管理;互相交错的一体化的网式监管;质管科室对试验人员提交的数据进行质询和核对,使整个监测机构形成一张质量管理大网,层层把关,一一管控,防患于未然。

三、做好环境监测的网络管理

网络能够把空间分布星罗棋布、业务相似的若干站点按一定组织、程序联系在一起,构成相互协调的系统。如今,我国的环境监测工作已由分散的各自为政的监测,向有组织、有规划、全国统一的监测方向发展。环境监测网络管理就是,组织协调全国各地的环境监测站、各专业部门监测站、主要污染源监测站、水系监测站等组建成国家环境监测网。

目前,各类环境监测部门每年获取的监测数据多以万计,但在综合整理全国(或省区)的环境质量基本情况或污染调查状况时,依然会感到数据不足,监测的要素、项目不统一,很难准确系统地说明问题。除了各类环境监测站由于技术、设备、人力等原因没能获得必要的数据外,一个很重要的原因是全国没有形成统一的管理。因此,在调整与完善国家环境监测网的同时,必须具体地加强各级监测网络站的管理工作。

环境监测网不仅要具备收集、传输环境质量(及污染)信息的功能,而且要具备组织管理各级监测站(点)的功能,达到"统一规划、信息共享",及时、准确地反映环境质量信息,为社会服务的目的。

四、建立环境监测数据造假惩治机制

2016年3月,西安一些工作人员为降低污染监测数据,利用棉纱堵塞采样器,干扰环境空气质量自动监测系统的数据采集。同年,湖北某工业废气重点监督排污单位多次要求运行维护服务公司帮助修改监测系统数据,并长期偷排大气污染物,导致环境监测数据质量问题突出。针对此类乱象,中共中央办公厅、国务院办公厅印发了《关于深化环境监测改革,提高环境监测数据质量的意见》,对加强环境监测数据质量管理作出了全面规划和部署。

此次发布的《意见》明确,到2020年,我国要全面建立环境监测数据质量保障责任体系及环境监测数据弄虚作假防范和惩治机制,"人为干预"监测将终身追责。

《意见》首次明确,地方党委和政府对防范和惩治环境监测数据弄虚作假负领导责任。今后,对弄虚作假问题突出的地方,环保部和省级环境保护部门可以公开约谈市政府负责人,责成当地政府查处和整改。地方政府如出现干预环境监测机构和人员的情况,将被"留痕记录"。

意见还要求,重点排污单位要依法安装使用污染源自动监测设备,定期检定或校准,自动监测数据要逐步实现全国联网。同时将在污染治理设施、监测站房、排放口等位置安装视频监控设施,并与地方环境保护部门联网。

环境监测是环境管理的重要技术支撑,必须采取严格的质控手段,建立环境监测数据弄虚作假防范和惩治机制,确保环境监测数据全面、准确、客观、真实。对环境监测弄虚作假行为一经发现和查实,除依法给予行政处罚外,构成犯罪的,要依法移交司法机关追究刑事责任。

第三节 环境监测制度

一、监测体制管理制度

环境保护依法行政,环境监测作为环境监督管理的基础和重要手段,其一切活动都应纳入法律体系规范之下。

我国环境保护法律法规体系是由宪法—环保基本法—环保单行法—环保行政法规—环保部门规章—标准—环保地方法规(标准)—环保地方行政规章以及其他环保规范性文

件、制度等组成，是个多层级的环保法规体系，对环境监测都做了相应的规范。

新《环保法》颁布后，还对一系列的法规、标准都做了相应的修订，如大气、水质、噪声、废弃物等法规条例、环境标准等都进一步规范。

环境标准是用具体数字来体现环境质量和污染物排放控制的界限、尺度，违背了这些界限，污染了环境，也就违背了《环保法》。环境法规的执行过程与实施环境标准的过程紧密相连。如果没有各种标准，这些法规将难以具体执行。

环境监测标法（法规、标准）管理主要是拟定环境监测的政策规划、计划、技术路线，制定行政法规、部门规章、制度，修订标准并组织实施。

1983年，原城乡建设环境保护部颁布的《全国环境监测管理条例》，较详细地规定了环境监测工作的性质、监测管理部门和监测机构的设置及其职责与职能、监测站的管理、三级横向监测网的构成及报告制度等。目前，我国的环境监测制度主要就是依据该条例建立起来的。

现行的全国管理方式主要包括属地化管理和垂直管理两种。其中，属地化管理，又称分级管理，指单位由所在地同级人民政府统一管理，政府职能部门或机构实行地方政府和上级同类部门的"双重领导"，上级主管部门负责业务技术指导，地方政府负责管理"人、财、物"，且纳入同级纪检部门和人大监督。目前，绝大部分环境监测站都采用这种管理方式。

2007年，原国家环保总局发布了《环境监测管理办法》。该办法规定："环境监测工作是县级以上环境保护部门的法定职责。"还规定了环境监测的管理体制、职责、监测网的建设和运行等内容，也要符合属地化管理方式。2007年，原国家环保总局发布了《全国环境监测站建设标准》和《全国环境监测站建设补充标准》，明确规定了省、市、县三级环境监测机构人员编制及结构、实验室用房和行政办公用房面积及要求、环境监测经费标准。

二、监测业务管理制度

环境监测作为环境管理的技术支持和保障，必须不断地加强能力建设，提升技术实力，实施业务管理，以保证为环境决策提供技术支持的能力；为环境执法提供技术监督的能力；为环境管理和社会经济建设提供技术服务的能力。

监测业务管理要依据法规标准和规定，对代表环境质量及发展变化趋势的各种环境要素以及监测各类污染物排放的机构进行技术业务能力管理，规范不同类型监测站的机构设置、技术装备配备、人才队伍培训、技术路线执行。同时，要充分发挥各地监测队伍和技术装备的潜力，从而做到人尽其才，物尽其用。

2006年，原国家环保总局发布了《环境监测质量管理规定》，明确了环境监测质量管理机构与职责、工作内容和经费保障；2011年，发布了《环境质量监测点位管理办法》，用于县级以上环境保护土管部门对环境质量监测点位的规划、设立、建设与保护等管理。

2009年，环保部发布《国界河流（湖泊）水质监测方案》《锰三角地区地表水监测方案》和《京津冀区域空气质量监测方案》；2010年发布《国家二噁英重点排放源监测方案》。环保部每年年初制定发布"年度全国环境监测工作要点"。

2009年，环保部发布《国家监控企业污染源自动监测数据有效性审核办法》和《国家重点监控企业污染源自动监测设备监督考核规定》；2011年，发布《主要污染物总量减排监测体系建设考核办法》《国家重点生态功能区域生态环境质量考核办法》等。

三、监测技术管理制度

2003年，原国家环保总局发布了《环境监测技术路线》，提出了空气监测、地表水监测、环境噪声监测、固定污染源监测、生态监测、固体废物监测、土壤监测、生物监测、辐射环境监测等九个方面的监测技术路线。

监测方法的标准化是监测质量保证的重要基础工作。为使我国环境监测分析方法标准制定有一个统一的规范化的技术准则和依据，2004年原国家环保总局颁布了《环境监测分析方法标准制定技术导则》（HJ/T 168—2004），2010年修订更名为《环境监测分析方法标准制修订技术导则》（HJ 168—2010）。

据《国家环境保护标准"十二五"规划》统计，截至2010年年底，已颁布环境监测规范688项，"十二五"期间还将制修订580项环境监测规范。目前，已基本建立覆盖水和废水、环境空气和废气、土壤和水系沉积物等环境要素的监测规范体系。

四、监测信息管理制度

为了加强环境监测报告的管理，1996年原国家环保局发布了《环境监测报告制度》，明确规定了环境监测报告的类型、内容和报告周期；2012年，颁布了《环境质量报告书编写技术规范》（HJ 641—2012），规定了环境质量报告书的总体要求、分类与结构、组织与编制程序、编制提纲等内容；2011年，颁布了《环境监测质量管理技术导则》（HJ 630—2011），明确规定了各级环境监测站开展环境监测工作，出具监测报告的信息内容。

1994年，原国家环保局发布了《环境保护档案管理办法》，明确了档案管理机构及其职责、档案工作人员及其职责、文件材料的形成与归档、档案的管理与利用等；2011年，发布了《环境质量报告书评比办法（试行）》。

五、监测人才管理制度

2007年，原国家环保总局发布了《全国环境监测站建设标准》和《全国环境监测站建设补充标准》，明确规定了省、市、县三级环境监测机构人员编制及结构。

2006年，原国家环保总局发布了《环境监测质量管理规定》和《环境监测人员持证上岗考核制度》，明确规定从事监测、数据评级、质量管理以及与监测活动相关的人员必须经国家、省级环境保护行政主管部门或其授权部门考核认定，取得合格证。

第九章 环保对策——用最好的方法，得最好的效果

第一节 环境宣传与教育

一、明确全民环境教育的意义

人类是在环境中生存发展的，本质上都源自人类在生存环境中对探索真实生活或追求理想情境的一种看法、想法、做法。人类探索自然的活动自然都脱离不了环境的影响。

环境教育是基于人与环境的互动关系而对人类实施的一种生态教育。之所以要对公众进行普及性的环境教育，其目的是提高全民族的环境意识。由于环境问题涉及面广，每个人都在与环境互相影响，所以环境教育的对象是全体公众，不分年龄、性别和职业。

环境保护是我国的一项基本国策，全民环境教育是贯彻、执行这项决策的最有力措施。全民环境教育的场所除学校外，还包括家庭、生产和工作单位以及社会上的特定场合等。每个人都要接受环境教育。

1.环境保护宣传教育是环境保护工作的助推器

当前，环境保护已成为人们普遍关注的热点问题。人类的生存和发展都依赖于对环境和资源的开发和利用，然而在人类开发利用环境和资源的过程中，却产生了一系列污染

环境、破坏生态的问题，归根结底是由于人们缺乏对环境的正确认识、全民环境保护意识不高。党的十七大报告强调，要"加强公民意识教育"。

环境意识是检验公民素质高低的重要尺度，环境保护是新时期公民意识教育的重要内容。要想有效地保护环境，获得理想的污染治理效果，需要全社会的共同努力。要广泛开展环境保护宣传教育，普及环保知识，增强全民环境意识，提高公众的环境道德素质，倡导绿色生活，使人们自觉自愿地履行保护环境的责任和义务，从而有效推进环境保护工作。

2. 环境保护宣传教育是激发公众参与环境保护的有效途径

当前，环境形势十分严峻，要从根本上解决环境污染问题，单靠政府和环保部门的力量是远远不够的，必须依靠公众的广泛参与。公众参与是检验环保工作成效的尺度，要通过宣传教育让公众成为环境保护的积极参与者、实践者和监督者。同时，要广泛动员人民群众积极参与环境保护，建立起最广泛的群众基础，使全社会形成自觉爱护环境和遵守环保法律法规的良好风尚，实现环境保护工作的新突破。

3. 环境保护宣传教育是推进经济发展方式转变的重要保障

大力推动环境保护的"三个转变"指的是，从重经济增长轻环境保护转变为保护环境与经济增长并重；从环境保护滞后于经济发展转变为环境保护和经济发展同步；从主要用行政办法保护环境转变为综合运用法律、经济、技术和必要的行政办法解决环境问题。

改革开放以来，我国经济社会发展取得瞩目的成就，同时也付出了巨大的资源环境代价，资源与环境已经成为当前经济社会发展的最大瓶颈。开展环境保护宣传教育，加强环境保护，既是经济发展方式转变的内在要求，也是推动经济发展方式转变的重要保障。

4. 环境保护宣传教育是生态文明建设的重要抓手

党的十七大报告首次提出"建设生态文明"，十七届四中全会又把生态文明建设纳入建设中国特色社会主义"五位一体"的总体布局之中，十七届五中全会进一步提出"要加快建设资源节约型、环境友好型社会和提高生态文明水平"的新要求。要想建设生态文明，首先就要进行宣传教育，要通过形式多样的、全方位的、深层次的宣传教育活动，营造良好的舆论氛围，使全民树立起牢固的生态文明观念，共建生态文明家园。

二、了解环境宣传的重点

环境保护宣传教育是生态立国和可持续发展战略的重要基础,对环境保护工作发挥着先导和前驱的重要作用。通过环境保护宣传教育,可以引导广大群众真正理解和掌握科学发展观的重大意义、科学内涵、精神实质及根本要求;充分认识环境保护在科学发展观中的地位和作用,对全面提升全民环境道德水平、形成文明的生产消费及生活方式有着不可替代的重要作用。

面对当前的严峻形势与巨大压力,要做好环境宣教工作,就必须善于抓住机遇、勇于迎接挑战,担负起重任。环境宣教工作不是简简单单的政务信息发布,不能只是锦上添花、唱颂歌,应建立通畅的社会沟通渠道和信息发布渠道。

1. 开展全民环境宣教,提高公众的环境意识

要引导公众积极参与环境保护工作,提高环境意识是关键。一方面,开展全民环境教育行动。通过创建环境友好型社区、环境友好型学校等途径,有效提高公众的环境意识。另一方面,充分利用新闻媒体的宣传辐射作用,开展环保政策法规、环保工作进展与成效等宣传。力求使公众能真正了解环保、理解环保,从而参与到环保工作中,发挥出正能量作用,并成为环保事业发展的有效助力。

2. 推进政务公开,促进政府与公众的互动

要持续不断地主动发布信息,提高政府的公信力和透明度,让公众更充分地了解环保工作,拉近与公众的距离,拉近与公众的感情。持之以恒,就能使环保形象在公众心中更加丰满起来,在公众环境意识不断提高的同时,就能引导全社会共同为环境保护保驾护航。

3. 开拓创新,丰富参与环境保护的形式

多年来,环境宣教活动已成为吸引公众参与环保的重要途径,但有些活动方式老旧、缺乏新意,必须创新求变,开拓思路,创新方式、手段,树立精品意识和品牌意识。有组织地开展有吸引力、有影响力的公众活动,围绕现状、热点和中心工作做好科普,努力使宣教贴近实际、贴近生活、贴近群众。

在巩固世界环境日系列宣传活动等品牌活动的同时,要根据当地实际情况,凸显地方特色,开展影响大、立意新、公众喜闻乐见的宣教活动,如环保嘉年华、环保人物评选等。

4. 严格执行环境管理制度

环境管理是一项复杂的工作，不能顾此失彼。在运用环境管理手段时，不能只偏重于传统的行政手段、经济手段，更应该将其与法律手段、信息化手段、科技手段等综合起来，充分发挥各种手段的优势，以达到最佳的环境管理效果。要认真学习落实国务院《关于落实科学发展观加强环境保护的决定》，加大环境保护工作力度，重点落实环境影响评价制度、污染物排放总量控制制度、环保目标考核和责任追究制度等环保制度，从源头上控制污染源，促进产业结构、区域结构的优化。

三、熟知环境教育的内容

一般说来，环境教育工作的主要内容包括环境教育、环境宣传两部分。

1. 环境教育

环境教育主要包括专业知识、科普知识和环境法律、法规的宣传及教育。

（1）专业知识教育。环境专业知识的教育主要包括环境工程、环境管理、环境监理、环境法学、环境评价、环境监测、环境规划、生态保护、环境艺术等领域的环境专业教育，发展比较快，内容相对成熟。其教育的实施主体是各类高等院校，教育对象是大中专院校环境类专业学生以及不同层次和不同领域的专业环保人员，其教育目的是为国家培养环境保护的各类专业人才。

（2）科普知识教育。科普知识教育以普及环境保护基本常识为主要内容，教育的实施主体是幼儿园、中小学和相应的环境保护宣传机构，教育对象是幼儿、中小学生和社会公众。主要内容包括自然保护基本常识教育、野生动植物保护基本常识教育、环境污染的基本常识教育、个人环境行为的基本常识教育、环境道德伦理教育等。

（3）法律法规教育。法律法规教育以遵纪守法为主要内容，以企业等经济行为主体为主要对象，教育的实施主体是环境保护行政执法部门。通过环境法律、法规教育可以提高企业的环境保护意识，使企业停止一切环境污染和生态破坏的违法行为，积极依法履行环境保护的责任和义务，将自己的生产与开发行为纳入国家环境法律、法规的监督与制约之下。

2. 环境宣传

环境宣传教育工作的形式主要有基础教育、专业教育、成人教育和社会教育。其中，基础教育和专业教育由国家教育主管部门负责实施，环保部门积极配合；成人教育和社会教育由国家环境主管部门负责实施，国家教育等相关部门积极配合。

（1）环境基础教育。基础教育的对象是中学生以下的青少年儿童。其主要任务是通过教授环保知识、开展环保活动等方式培养他们的环境素质。在教育部《中小学加强国情教育的总体纲要》和《义务教育小学和中学各科教育大纲》中已明确指出了环境基础教育内容。

（2）环境专业教育。专业教育的主要对象是环保专业的中等专业学校、职业高中和高等院校的学生。其主要任务是有计划地培养环保科技和管理人才。

（3）环境成人教育。成人教育主要包括成人学历教育、岗位培训和继续教育等。其主要目的是提高从事环境保护事业工作者的专业素质。

（4）环境社会教育。社会教育的对象最为广泛，包括工人、农民、军人、城镇居民、知识分子及各级领导干部等社会各界人士。其主要任务是根据不同对象编写适用教材，传播环保知识，倡导环保行为，树立环境道德意识。

环境宣传的主要任务是广泛传播环境保护知识，策划和组织全国性的环境保护宣传活动，鼓励和支持公众参与环境保护工作，提高全民环境意识等。环境宣传的主要内容包括以下几个方面。

（1）新闻宣传和舆论监督。一方面，在电视、广播、报刊等新闻媒介上对环境保护进行宣传；另一方面，通过一些大型活动发挥新闻舆论的监督作用，促进公众环境意识的提高，鼓励和支持公众参与环境保护。

（2）在环境纪念日作宣传。在环境纪念日开展各种形式的宣传活动，如"六五"世界环境日、"四一一"地球日等，开展群众性的环保征文比赛、知识竞赛、志愿者行动及各种环保专题研讨会、咨询活动等。

（3）积极表彰。要通过社会性表彰评比活动，推动公众参与环境保护工作，提高公众积极关注环境保护的积极性，建立环境保护的群众基础。

第二节　环境管理制度

一、环境管理的含义

随着我国经济的快速发展，由此产生的环境问题也日益凸显。这些环境问题广泛复杂，已经成为制约经济社会可持续发展的瓶颈，要想将问题处理掉，需要大量的人力财力。而环境管理是一种运用计划、组织、协调、控制、监督等手段,为达到预期环境目标而进行的一项综合性活动,可以很好地预防环境问题的发生并对已有的环境问题进行处理,在环境保护中起着举足轻重的作用。因此,完善我国的环境管理体系,提高环境管理水平,已经成为经济社会可持续发展的迫切需要。

1.环境管理相关概念

环境管理是国家环境保护部门的基本职能,国家环境保护部门要运用经济、法律、技术、行政、教育等手段,限制和控制人类损害环境的行为,保持社会经济发展与保护环境、生态平衡之间的平衡,促进经济的长期稳定增长,使人类有一个良好的生存和生产环境。

一般说来,社会经济发展对生态平衡的破坏和环境污染主要是由于管理不善造成的,因此环境管理工作的主要内容也就包括三方面工作:

(1)环境计划的管理。环境计划包括工业交通污染防治、城市污染控制计划、流域污染控制计划、自然环境保护计划,以及环境科学技术发展计划、宣传教育计划等;还包括在调查、评价特定区域的环境状况的基础区域环境规划。

(2)环境质量的管理。环境质量管理主要包括:组织制定各种质量标准、各类污染物排放标准,做好监督检查工作,调查、监测和评价环境质量状况,预测环境质量变化趋势。

(3)环境技术的管理。主要内容包括:确定环境污染和破坏的防治技术路线和技术政策;确定环境科学技术发展方向;组织环境保护的技术咨询和情报服务;组织国内和国际的环境科学技术合作交流等。

2.环境管理现状及发展趋势

现阶段,我国环境管理已形成了行政手段、法律手段和经济手段同时发挥作用,相互协调的综合管理制度,逐渐走上了规范化、法制化、科学化的道路。在社会经济不断发展的前提下,我国环境管理也应不断适应发展中的社会环境,不仅要重视环境保护目标责任制度的变革与创新,还要做好环境应急机制的深化与完善,确保环境信息公开化,加强环境科技能力建设。

3.环境管理存在的问题

虽然我国的环境管理取得了很大的进步,但是随着社会经济的发展,环境问题也变得更为复杂、更加严峻。处理更复杂的环境问题,现阶段的环境管理体制仍然存在一些问题,需要进一步完善。主要问题有:

（1）环境管理机构的设置不健全、不完善。环境问题具有很强的地域空间整体性，不受行政区界线的限制，如流域水污染、沙尘暴等均为跨行政区域的，然而现阶段我国的环境管理还停留在地方各自为政的阶段，缺乏统一管理。因此，建立区域性和流域性环境管理机构已经刻不容缓。

（2）环境管理成本高、资金不足。目前，我国环境管理是由政府直接控制，环境管理政策实施成本高，环保部门无力来承担。用有限的政府力量来监督数量庞大的污染行为，必然会力不从心。

（3）环境法律体系不健全。我国的环境法律体系包括自然资源归属、环境污染预防、环境资源利用规划、环境影响评价以及跨区域环境纠纷管辖及解决等内容，现行环境法律体系只粗略规定了地方政府要对当地环境负责，而具体到如何负责、负责到何种程度、失职后承担何种责任则没有明文规定。这种情况极易造成地方政府环保工作的缺位与机会主义行为。

二、环境管理的目标及建议

环境问题的产生且日益严重的根源在于人们自然观上的错误，以及在此基础上形成的基本思想观念的扭曲，进而导致人类社会行为的失当，最终使自然环境受到干扰和破坏。

1.环境管理的目标

环境问题的产生有两个层次上的原因：一是思想观念层次上的；二是社会行为层次上的。基于这种思考，要想做好环境管理，就要改变自身一系列的基本思想观念，从宏观到微观对人类自身的行为进行管理，逐步恢复被损害了的环境，减少甚至消除新的发展活动对环境的结构、状态、功能造成新伤害，保证人类与环境能够持久地、和谐地协同发展下去。这就是环境管理的根本目的。

具体来说，环境管理的目的就是通过对可持续发展思想的传播，使人类社会的组织形式、运行机制以及管理部门和生产部门的决策、计划和个人的日常生活等活动，符合人与自然和谐相处的要求，并以法律法规、规章制度、社会体制和思想观念的形式体现出来。具体来说就是，要创建一种全新的生产方式、消费方式、社会行为规则和发展方式，保护和改善环境。

2.对于环境管理的建议

要想做好环境管理，就要做到以下几点：

（1）健全环境管理机构。要设置高规格、高权威的环境管理机构，配置高规格、高权威的专门性协调和咨询机构，明确协调范围、具体内容和工作程序等；要设置独立的政府环保部门，健全环保部门的内设机构，与环保部的设置对口，确保政令畅通，提高工作效率。

（2）完善环境保护法律体系。要以法律形式确认各级各类环境管理机构的管辖分工、职权范围和活动规范，明确区域环境保护督察机构的执法权，使其工作能合法有效地开展。同时，针对目前环保执法不严、违法不究的现象，要加强执法监督和监察工作，实行环境稽查制度，规范执法行为，对原有的环境管理制度加以改革和完善。

（3）建立环境管理公众参与机制。我国环境政策的发展方向应是，根据市场经济发展的逻辑，把政府直控型环境政策转变为社会参与型环境政策，要鼓励政府力量以外的社会实体从事环境监督和制约工作，这些实体可以是营利性企业，也可以是非营利组织和公民个人。

3. 环境管理的手段

（1）行政手段。

行政手段主要指国家和地方各级行政管理机关，根据国家行政法规所赋予的组织和指挥权力，制定方针、政策，建立法规，颁布标准，进行监督协调，对环境资源保护工作实施行政决策和管理。主要内容包括：

1）环境管理部门定期或不定期地向同级政府机关报告本地区的环境保护工作情况，对贯彻国家有关环境保护方针、政策提出具体意见和建议；

2）组织制定国家和地方的环境保护政策、工作计划和环境规划，并把这些计划和规划报请政府审批，使之具有行政法规效力；

3）运用行政权力对某些区域采取特定措施，如划分自然保护区、重点污染防治区、环境保护特区等；

4）要求污染严重的工业、交通、企业限期治理，甚至勒令其关、停、并、转、迁；

5）对易产生污染的工程设施和项目，采取行政制约的方法，如审批开发建设项目的环境影响评价书，审批新建、扩建、改建项目的"三同时"设计方案，发放与环境保护有关的各种许可证，审批有毒有害化学品的生产、进口和使用；

6）管理珍稀动植物物种及其产品的出口、贸易事宜；

7）对重点城市、地区、水域的防治工作给予必要的资金或技术帮助。

(2)法律手段。

法律手段是环境管理的一种强制性手段,依法管理环境,就能控制并消除污染,保障自然资源合理利用,维护生态平衡。环境管理一方面要靠立法,把国家对环境保护的要求、做法,全部以法律形式固定下来,强制执行;另一方面还要靠执法,具体而言。

1)环境管理部门要协助和配合司法部门与违反环境保护法律的犯罪行为进行斗争,协助仲裁;

2)按照环境法规、环境标准来处理环境污染和环境破坏问题,对严重污染和破坏环境的行为提起公诉,甚至追究法律责任;

3)依据环境法规对危害人民健康、财产,污染和破坏环境的个人或单位给予批评、警告、罚款或责令赔偿损失等。

我国自20世纪80年代开始,从中央到地方颁布了一系列环境保护法律、法规。目前,已初步形成了由国家宪法、环境保护基本法、环境保护单行法规和其他部门法中关于环境保护的法律规范等所组成的环境保护法体系。

(3)经济手段。

经济手段是指利用价值规律,运用价格、税收、信贷等经济杠杆,控制生产者在资源开发中的行为,以便限制损害环境的社会经济活动,奖励积极治理污染的单位,节约和合理利用资源,充分发挥价值规律在环境管理中的杠杆作用。方法主要包括:

1)各级环境管理部门对积极防治环境污染而在经济上有困难的企业、事业单位发放环境保护补助资金;

2)对排放污染物超过国家规定标准的单位,按照污染物的种类、数量和浓度等,征收排污费;

3)对违反规定造成严重污染的单位和个人,处以罚款;

4)对排放污染物损害人群健康或造成财产损失的排污单位,责令对受害者赔偿损失;

5)对积极开展"三废"综合利用、减少排污量的企业,给予减免税和利润留成的奖励;

6)推行开发、利用自然资源的征税制度等。

(4)技术手段。

技术手段是指借助那些既能提高生产率又能把对环境污染和生态破坏控制到最小限

度的技术以及先进的污染治理技术等,来达到保护环境目的的手段。具体内容包括:

1)运用技术手段,实现环境管理的科学化,包括制定环境质量标准;

2)通过环境监测、环境统计方法,根据环境监管资料以及有关的其他资料,对本地区、本部门、本行业的污染状况进行调查;

3)编写环境报告书和环境公报;

4)组织开展环境影响评价工作;

5)交流推广无污染、少污染的清洁生产工艺及先进治理技术;

6)组织环境科研成果和环境科技情报的交流。

现实中,很多环境政策、法律、法规的制定和实施都会涉及科学技术问题,所以环境问题解决的好坏在一定程度上要取决于科学技术。离开了先进的科学技术,就无法及时发现环境问题,而且即使发现了,也无法进行有效控制。例如,兴建大型工程、围湖造田、施用化肥和农药,常常会产生负的环境效应,就说明人类没有掌握足够的知识,没有科学地预见到人类活动对环境的反作用。

(5)宣传教育。

环境宣传既是普及环境科学知识,又是一种思想动员。要通过报纸、杂志、电影、电视、广播、展览、专题讲座、文艺演出等各种文化形式广泛宣传,使公众了解环境保护的重要意义和内容,提高全民族的环境意识,激发公民保护环境的热情和积极性,把保护环境、热爱大自然、保护大自然变成自觉行动,形成强大的社会舆论,从而制止浪费资源、破坏环境的行为。

此外,通过环境宣传教育,还可以培养各种环境保护的专门人才,提高环境保护人员的业务水平,提高社会公民的环境意识,科学管理环境,做好社会监督。因此,可以把环境教育纳入国家教育体系,从幼儿园、中小学抓起,加强基础教育,搞好成人教育,同时向各高校非环境专业学生普及环境保护基础知识等。

第三节　环境法治

一、环境保护法

我国是一个发展中国家,在现代化进程中,始终面临着发展经济与保护环境的双重挑战。改革开放以来,我国的经济建设取得了巨大成就,综合国力显著提高,人民生活明显改善。但是,由于各种原因,环境保护的形势依然严峻。党和国家历来十分重视环境问题,甚至还将保护环境作为我国的一项基本国策,致力于中国的环境法制建设。可喜的是,经过近二十年的努力,我国的环境保护法律体系已经基本形成。它包括:

1.《宪法》

我国《宪法》第二十六条规定,"国家保护和改善生活环境和生态环境,防治污染和其他公害"。宪法作为国家的根本大法,它的规定为我国环境保护法制建设提供了最重要的宪法依据。

2.《环境保护法》

1979年9月13日第五届全国人大常委会第十一次会议原则通过了试行的《环境保护法》,并于当日公布试行,这是我国第一部单行的环境保护法律。十年后,1989年12月26日第七届全国人大常委会第十一次会议通过了全面修订后的《环境保护法》,并于当日公布后正式施行,它作为我国环境保护方向的基本法,对保护和改善生活环境与生态环境,防治污染和其他公害,建立健全环境保护法律体系,促进社会主义现代化建设的发展,都发挥了重大的影响和作用。

针对特定的污染防治领域而制定的单项法律主要包括:

(1)《水污染防治法》。该法于1984年5月11日由第六届全国人大常委会第五次会议通过,自1984年11月1日起施行。1996年5月15日第八届全国人大常委会第十九次会议对该法作了修改,修改后的《水污染防治法》自修改决定公布之日起施行。

(2)《大气污染防治法》。该法于1987年9月5日由第六届全国人大常委会第二十二次会议通过,自1988年6月1日起施行。1995年8月29日第八届全国人大常委会第十五次会议对该法作了第一次修改;2000年4月29日第九届全国人大常委会第十五次会议对该法作了第二次比较全面的修改,修订后的《大气污染防治法》自2000年9月1日起施行。

(3)《环境噪声污染防治法》。该法于1996年10月29日由第八届全国人大常委会第二十二次会议通过,自1997年3月1日起施行。

(4)《固体废物污染环境防治法》。该法于1995年10月30日由第八届全国人大常委会第十六次会议通过,自1996年4月1日起施行。

(5)《海洋环境保护法》。该法于1982年8月23日由第五届全国人大常委会第二十四次会议通过,自1983年3月1日起施行。1999年12月25日第九届全国人大常委会第十三次会议对该法作了比较全面的修改，修订后的《海洋环境保护法》自2000年4月1日起施行。

此外，在环境保护方面国务院还制定了相当数量的行政法规，国务院环境保护行政主管部门单独或者与其他有关部委制定了大量的部门规章。省、自治区、直辖市人大及其常委会和人民政府以及有地方立法权的城市，也制定了大量的有关环境保护方面的地方性法规和规章。因此，从环境保护方面来说，已经不是无法可依了。

二、环境违法的追究和惩处

环境行政处罚，是指环境保护行政机关依照环境保护法规，对犯有一般环境违法行为的个人或组织作出的具体的行政制裁措施。其直接结果是确定环境行政责任，包括罚款、责令停产等多种具体形式。广泛适用于不同的环境违法行为。

根据中国环境保护法律法规的规定，环境违法的行政处罚只能由依法行使环境保护监督管理权的行政机关按法定程序作出并付诸执行。被处罚的个人或组织如果不服，有权提起行政复议或行政诉讼。

为规范环境行政处罚的实施，监督和保障环境保护主管部门依法行使职权，维护公共利益和社会秩序，保护公民、法人或者其他组织的合法权益，根据《中华人民共和国行政处罚法》及有关法律法规，制定了《环境行政处罚办法》（以下简称《办法》）。该《办法》经2009年12月30日环境保护部2009年第3次部务会议修订通过。

2010年1月19日环境保护部令第8号公布该《办法》。《办法》分总则、实施主体与管辖、一般程序、简易程序、执行、结案和归档、监督、附则8章82条，自2010年3月1日起施行。1999年8月6日原国家环境保护总局发布的《环境保护行政处罚办法》同时废止。

1.环境处罚和处分的不同

环境行政处分和环境行政处罚虽然都是环境行政主体所作的制裁行为，但两者从根本上却是不同的行政制裁方式，其区别主要表现为：

（1）制裁的对象不同。环境行政处罚制裁的对象是违反环境行政法律规范的公民、法人或其他组织；环境行政处分的对象仅限于环境行政主体系统内部的公务员。

（2）采取的形式不同。环境行政处罚的形式有：警告、罚款、责令停产停业、责令重新安装或使用、责令支付消除污染费用、责令赔偿国家损失等；行政处分的种类有警告、记过、记大过、降级、撤职和开除等六种形式。

（3）行为的性质不同。环境行政处罚属于外部行政行为，以行政管辖关系为基础；环境行政处分属于内部行政行为，以行政隶属关系为前提。

（4）依据的法律、法规不同。环境行政处罚依据的是有关污染防治和自然资源保护方面的法律、法规，如《环境保护法》《大气污染防治法》《矿产资源法》等；环境行政处分则由有关行政机关工作人员或公务员的法律规范调整，如《国家公务员暂行条例》《行政监察条例》等。

（5）救济途径不同。对环境行政处罚不服的，除法律、法规另有规定外，环境行政相对人可申请复议或提起行政诉讼；对环境行政处分不服的，被处分人员只能向作出处分决定的机关的上一级机关或监察部门申诉。

2.环境行政处罚的决定程序

（1）简易程序。

简易程序又称当场处罚程序，是指在具备法定条件的情况下，由环境行政执法人员当场作出行政处罚决定，并且当场确立步骤、方式、时限、形式等的过程。简易程序的设置是提高行政效率的一个重要手段。根据《行政处罚法》第33条的规定，在环境行政处罚中适用简易程序必须同时具备以下三个条件：

1）违法事实确凿。它具有两层含义：一是有证据证明环境行政违法事实存在；二是证明违法事实的证据应当充分。

2）有法定依据。一是在事实确凿的情况下，该违法行为还必须是法律明确规定应予处罚的行为；二是适用简易程序还必须符合法律规定的其他条件，如罚款限额等。

3）罚款数额较小或警告处罚。小额罚款限额为对公民处以50元以下罚款，对法人或其他组织处以1 000元以下的罚款。

（2）一般程序。

一般程序，又称普通程序，它是环境执法主体作出处罚决定所应经过的正常的基本程序。这种程序手续相对严格、完整，适用最为广泛。其主要步骤如下：

1）立案。立案是指环境行政主体对于公民、法人或者其他组织的控告检举材料和自己发现的违法行为，认为需要给予环境行政违法人行政处罚，并决定进行调查处理的活动。立案应当填写专门形式的《立案报告表》，立案后应指派承办人员负责案件的调查工作。

2）调查取证。调查取证是案件承办人员对于案件事实调查核实、收集证据的过程。根据《行政处罚法》的规定，环境行政主体在调查或者依法进行检查时，执法人员不能少于两人，并应向当事人或有关人员出示证件。环境执法人员与当事人有直接利害关系的，应当回避。环境执法人员应全面、客观、公正地调查、收集有关证据，并可以采取抽样取证的方法；在证据可能灭失或者以后难以取得的情况下，经行政机关负责人批准，可以先行登记保存，并在7日内及时作出处理决定。

3）审查调查结果。调查终结后，案件承办人员应提出有关事实结论和处理结论的书面意见，由环境行政主体负责人审查批准。对情节复杂或者重大违法行为，给予较重的行政处罚。环境行政部门的负责人应当集体讨论决定，在决定作出之前，应依法向当事人履行告知义务，并听取当事人的陈述和申辩。

4）制作行政处罚决定书。对于决定给予行政处罚的，环境行政部门必须制作符合法律规定的《行政处罚决定书》，该决定书应载明下列事项：①当事人的姓名或者名称、地址；②违反法律、法规或者规章的事实和证据；③行政处罚的种类和依据；④行政处罚的履行方式和期限；⑤不服行政处罚决定，申请行政复议或者提起行政诉讼的期限；⑥作出行政处罚决定的环境保护监督管理部门的名称和作出决定的日期。最后，处罚决定书必须盖有作出处罚决定的行政机关的印章。

5）处罚决定书的送达。行政处罚决定书制作后，应当在宣告后当场交付当事人；如果当事人不在场，环境执法部门应当在7日内依照民事诉讼法的有关规定，根据案件具体情况以直接送达、留置送达、转交送达、委托送达、邮寄送达或公告送达等方式送达当事人。

（3）听证程序。

听证程序是一般程序中的特别程序，是行政处罚中最严格的程序之一。《行政处罚法》设立听证程序的目的，是为了加强行政处罚活动的民主化、公开化，保证行政处罚的公正性、合理性，保护公民、法人和其他组织的合法权益。

根据《行政处罚法》第42条规定，听证程序主要适用于下列几种行政处罚：

1）责令停产停业的处罚；

2）吊销许可证或执照的处罚；

3）较大数额罚款的处罚，例如依《环境保护行政处罚办法》第49条规定，应当适用听证程序的较大数额罚款，是指对个人处以5 000元以上罚款，对法人或者其他组织处以50 000元以上的罚款。

根据《行政处罚法》的规定，环境行政处罚中的听证活动应依照以下程序进行：

1）如果当事人要求听证，应当在行政机关告知后3日内提出。

2）行政机关应当在听证日前，通知当事人举行听证的时间和地点。

3）除涉及国家秘密、商业秘密或者个人隐私外，听证应公开举行。

4）听证会由行政机关指定的非本案调查人员主持；如果当事人认为主持人与本案有直接利害关系，有权申请主持人回避。

5）当事人可以亲自参加听证，也可以委托1至2人代理。

6）举行听证时，调查人员提出当事人违法的事实、证据和行政处罚建议；当事人进行申辩和质证。

7）听证应当制作笔录，笔录应当交当事人审核无误后签字或者盖章。

8）经听证后，环境行政部门根据听证的情况及听证笔录，作出是否对当事人予以处罚，给予何种处罚的最后决定。

三、环境行政处罚的执行程序

环境行政处罚的执行程序，是指环境行政主体对受罚人执行已经发生法律效力的行政处罚决定的程序活动。

环境行政处罚决定依法作出后，当事人应当在行政处罚决定的期限内予以履行。当事人如果对行政处罚决定不服，可以申请行政复议或者提起行政诉讼；在复议和诉讼期间，行政处罚决定不会停止执行，法律另有规定的除外。

当事人逾期不履行行政处罚决定的，作出行政处罚决定的环境行政主体可以采取下列措施：

（1）到期不缴纳罚款的，每日按罚款数额的3%加处罚款；

（2）根据法律规定，将查封、扣押的财物拍卖或者将冻结的存款划拨抵缴罚款；

（3）申请人民法院强制执行。

第四节 环境保护国际合作

一、国际环境保护公约

国际环保公约由一系列国际公约组成，包括《控制危险废物越境公约》《濒危野生动植物物种国际贸易公约》《生物多样性公约》《生物安全议定书》《卡特赫纳生物安全议定书》《联合国气候变化框架公约》等。

1. 《控制危险废物越境公约》

随着工业的发展，危险废物的产生与日俱增，逐渐成为世界各国面临的主要公害。据统计，全世界每年产生的危险废物已从1947年的500万吨增加到5亿多吨，其中发达国家占95%。由于处置场地少，技术复杂，代价昂贵，特别是国内制定了严格的环保法规，加上民众环保意识较强，一些发达国家千方百计地将危险废物转移到发展中国家。危险废物越境转移对人类健康和生态环境造成灾难性的危害。

为此，1989年3月联合国规划署通过了《巴塞尔公约》。公约控制的危险废物按来源分为18种，按成分分为27种。包括中国在内的64个公约缔约方1994年通过一个决议，规定立即禁止向发展中国家出口以最终处置为目的的危险废物越境转移，从1998年起，以再循环利用为目的的危险废物出口也被禁止。

2. 《濒危野生动植物物种国际贸易公约》

《濒危野生动植物物种国际贸易公约》于1973年3月在美国首府华盛顿所签署，因而又称《华盛顿公约》。按照物种的脆弱性程度，公约将受控物种分为三类列入三个附录，并对其贸易进行不同程度的控制。附录一列入了所有受到和可能受到贸易的影响而有灭绝危险的物种800余种，基本上禁止贸易；附录二列入了所有那些目前虽未濒临灭绝，但如对其贸易不严加管理，以防止不利于其生存的利用，就可能变成有灭绝危险的35 000种物种，应严格限制贸易；附录三列入了任一成员方认为属其管辖范围内，应进行管理以防止或限制开发利用，而需要其他成员国合作控制贸易的物种，应对贸易加以管理。这三类物种不断变化，越来越多的物种被纳入第二类和第一类的范围。许多野生动植物物种或其相关产品的贸易受到严重影响。

3. 《生物多样性公约》

1992年6月5日，在巴西里约热内卢举行的联合国环境与发展大会上，各国签署了《生产多样性公约》（以下简称《公约》）。该《合约》没有直接的贸易措施条款，但一些条款对贸易有明显的影响，特别是关于遗传资源的取得、知识产权和生物安全规定与国际贸易直接有关。

当然，转基因技术及其产品（GMO）飞速发展，正在成为21世纪重要的新兴产业，并对农业、医药、化工和环保等产生重大影响，为解决粮食短缺、有效药品短缺及治理环境等问题展示了良好的前景。目前全世界共有50多种转基因植物产品投入商品化生产。

据统计，1996年全球转基因植物商品化种植面积280万公顷，1999年达3 990万公顷。

美国、阿根廷、加拿大、澳大利亚等是主要生产国。1995—1998年，GMO作物销售收入从0.75亿美元猛增到15亿美元，1999年达23亿美元，估计到2010年将增至250亿美元。GMO产品的国际贸易也迅猛发展。据统计，日本1998年进口的1 597.5万吨玉米、475.1万吨大豆（美国分别占进口量的87.9%和78.6%）中，GMO玉米和大豆分别为435万吨和105万吨，占进口量的27.2%和22.1%。

4.《生物安全议定书》

2000年1月28日达成的《生物安全议定书》将对转基因产品的国际贸易和投资产生重大影响。

转基因技术及其产品在迅猛发展的同时也有可能对生物多样性、生态环境和人类健康构成潜在的风险与威胁，一旦出现差错，可能造成基因污染和破坏生态平衡；产生新的毒性或过敏物质，或扩大了寄主范围，导致病毒灾难性的泛滥；转基因活体及其产品有可能降低动物乃至人类的免疫能力，从而对其健康、安全乃至生存产生影响。此公约的制定，有效改善了这种状况。

5.《卡特赫纳生物安全议定书》

为了防范GMO产品对生物安全的影响，规范越境转移问题，国际社会于2000年1月在蒙特利尔通过《卡特赫纳生物安全议定书》。

《议定书》对转基因产品越境转移的各个方面都作出了明确的规定。这些规定对国际贸易和投资产生了巨大影响：实行风险评估对国际贸易有负面影响；提前知情同意程序规定使得进口程序更加复杂和烦琐，审批的时间较长，一般为270天，赋予进口缔约国为保护生物安全很多的权利；资料评估为进口国控制GMO进口提供了借口，进口方可以资料不完备或缺少可靠和充分的科学依据而拒绝进口或推迟做出进口决定；实行GMO加贴标签制度会增加进口国公众对GMO及其产品的心理恐惧，从而导致某些GMO产品国际贸易量的下降甚至退出国际市场。

6.《联合国气候变化框架公约》

大气中二氧化碳等温室气体的增加，对地球和人类产生了严重的影响。1992年6月签署了《联合国气候变化框架公约》（以下简称《公约》），并于1994年3月正式生效，到2000年共举行了6次缔约方大会。该《公约》本身并不直接限制贸易，但由于温室气候控制涉及社会和经济的方方面面，缔约方为履约采取的行动必然会对贸易有着显著的影响。当缔约方制定国家对策时，贸易措施也会起重要的作用。特别是联合履约和清洁发展机制一旦实施，将直接用信用贸易手段实施温室气体减排的交易。

二、ISO 14000标准

1.ISO 14000认证标准

ISO 14000认证标准是在当今人类社会面临严重环境问题（如温室效应、臭氧层破坏、生物多样性的破坏、生态环境恶化、海洋污染等）的背景下产生的，是工业发达国家环境管理经验的结晶。其基本思想是引导组织按照PDCA（Plan、Do、check、Act，计划、执行、检查、处理）的模式建立环境管理的自我约束机制，从最高领导到个人都以主动、自觉的精神处理好自身发展与环境保护的关系，不断改善环境绩效，进行有效的污染预防，最终实现组织的良性发展。该标准适用于任何类型与规模的组织，并适用于各种地理、文化和社会环境。

ISO 14000标准强调污染预防和持续改进，要求建立职责明确、运作规范、文件化的监控管理体系，通过合理有效的管理方案和运行程序来达到环境目标和指标。该标准如果实施得当，将会在较短的时间内提高企业环境管理水平和员工素质，并有助于企业扩大市场份额，提高产品附加值，实现经济和环保可持续协调发展。

从根本上讲，这与中国外经贸所倡导的"从劳动密集型向技术密集型转变、从粗放型向集约型转变"，"以质取胜"和"外经贸名牌战略"是完全一致的。因此，我们应当从战略的高度看待ISO 14000，并将其纳入中国的外经贸发展战略。

首先，应该高度重视ISO 14000工作，将其作为一个能够促进国际贸易、有利于提高企业环境管理水平和人员素质的管理工具，抓紧推广和实施。从以往ISO 9000推行的经验来看，只要及早动手，深刻理解和实施标准的精髓，企业就能成为最大的受益者。

其次，开展ISO 14000工作，只有应从"利国、利民、兴业"的角度出发，才能达到最终的目的和取得最佳的效果。对于ISO 14000标准在提高企业环境管理水平、扩大出口、改善环境状况等方面的积极作用，各方面基本上已达成了共识，在ISO 14000的推广和实施过程中，政府、企业、认证机构、咨询机构、环保科研机构、采购商等相关各方要加强沟通，紧密协作；要多考虑国家利益、人民利益和企业的利益，而不囿于部门或机构的小利益，才能将ISO 14000这块蛋糕做大、做好。这样，既有利于ISO 14000事业的快速、健康发展，也能让参加ISO 14000工作的社会各方尽快得到回报。

最后，还应全面地看待ISO 14000标准。此标准既有一定的先进性、科学性，代表未来一段时期环境管理的发展方向，还具有一定的灵活性。其只要求企业在其环境方针中对遵守有关法律、法规和持续改进做出承诺，并没有提出环境表现的绝对要求，因此两个从事类似活动但环境表现不同的企业都可能达到ISO 14000标准要求。但是，我们也应该看到，西方发达国家都是在掌握了好的环境管理经验、环保科技的基础上采用ISO 14000标准的，而大部分发展中国家与它们并不处在同一起跑线上，一旦西方发达国家严格执行贸易政策，就会对我出口产品形成贸易壁垒。

2.实施ISO 14000的意义

实施ISO 14000系列标准的主要意义如下：

（1）保护人类生存和发展的需要。在全球范围内通过实施这套标准，规范企业和社会团体等所有组织的环境行为，减少人类活动对环境的影响，维护和改善人类生存和发展环境。

（2）国民经济可持续发展的需要，有效地规范组织的活动、产品和服务，从原材料的选择、设计、加工、销售、运输、使用到最终废弃物的处理进行全过程控制，满足环境保护和经济可持续发展的需要。

（3）国内外贸易发展的需要。世界贸易组织（WTO）认为：一个开放的、公平的、非歧视的、透明的、符合可持续发展目标的并能使全球得到资源化分配的贸易制度，对所有贸易伙伴都是有利的。

（4）环境管理现代化的需要。按这套标准去做，能促进环境管理的科学化和现代化。

（5）建立市场经济体制的需要。实现经济的根本怀转变，必须以提高经济增长效益和产品及服务质量、减少环境污染作为主要衡量标志。

三、国际环境法

国际环境法是调整国际自然环境保护中的国家间相互关系的法律规范的总称，是当代国际法中的一个新领域。国际环境法的特征包括调整范围的全球性、调整方法的综合性、法律理念的生态性和法律规范的技术性。作为国际环境法既是国际法的一个分支，又是一个在不断完善和发展着的相对独立的学科体系。

国际环境法由各国为了保护自然环境而缔结的一系列条约组成。1972年在瑞典斯德哥尔摩举行的联合国人类环境会议以后，国际环境法才真正形成，因此斯德哥尔摩人类环境会议是国际环境法诞生的标志。

1.国际条约

同国际法的其他领域一样，国际条约是国际环境法规范的最基本和最重要的渊源。而今已经签订了大量保护和合理利用自然环境的国际条约，包括国家间的双边条约、多边条约，国际组织之间以及这些组织与国家之间的条约。这些条约的签订过程，就是国际环境法规范产生和发展的过程。例如，1958年4月日内瓦海洋法会议通过的一系列协定，确定了保护海域和海洋生物资源的某些原则。特别是1982年《联合国海洋法公约》，对海洋环境的保护和保全作了专门规定。

2.国际惯例

国际惯例也是国际环境法规范的一个渊源。已经签订的保护环境的国际条约，其中有些原则是作为国际惯例发生作用的。可是，因为国际环境保护近几十年不断出现新问题，至今国际条约依然没有作出完整的规定，需要各国遵守国际惯例。

第十章 从我做起——拯救地球，人人有责

第一节 保护环境是你我不可推卸的责任

一、人类破坏的环境，只能由人类来恢复

地球，是我们赖以生存的家园，可是随着人口的迅速增长，工农业的迅速发展，环境的污染越来越严重。

可以假设，如果人类从地球上消失，地球并不会因此变成蛮荒之地，而会慢慢地进行生态恢复。不是地球需要人类，而是人类的生活离不开地球，故保护地球环境是人类在进行自我救赎。

为了保护环境，就要养成良好的生活习惯，举例如下：

（1）使用螺旋式荧光省电灯泡。这些灯泡比较贵，但是使用寿命较长，除了可以降低灯泡的产量，还可以节省能源。多数螺旋式省电灯泡能比普通灯泡节约75%的能源，长期来说，电费也会降低。

（2）捐赠二手衣物或物品。如今许多人家都会有不想穿的衣服或不太使用的物品，可以将其捐赠给需要的人，或慈善团体或公益协会。如此，不仅可以保护环境、实现二手物再利用，更可以为弱势团体尽一分心力。

（3）随手关闭不使用的设备电源。养成随手关闭不使用设备电源的习惯，不看电视时、离开房间时，要记得关闭电源。

（4）尽量以步行或骑自行车来取代汽车。汽车是造成污染的最大原因之一，可以问自己：我真的需要开车吗？如果目的地离家不远，步行或骑自行车是个不错的选择。

（5）清洁剂用量。按照清洁剂使用建议剂量来洗涤衣物、碗盘或蔬果，不要过量使用。

（6）尽快修复水龙头漏水问题。水龙头漏水可能会导致水费大幅增加，因此为了减少浪费水，就要及时解决这一问题。

（7）雨水再利用。一般而言，除非是空气污染严重的地区，雨水是相当干净的水源。将雨水收集起来，可用来冲洗厕所马桶、浇花等。

有一句名言说得好："保护环境，拯救世界，就是拯救自己"，不要以为盖了好房子、做了新家具，就能过上好日子。不爱护地球、不保护环境，沙尘暴就会侵袭你的家园，一旦世界变成沙漠，人类也就失去了生存的根本。

二、良好的生态环境是人类文明持续发展的基础

习近平总书记曾强调，良好的生态环境是人类生存与健康的基础，没有全民健康，就没有全面小康。可以说，环境良好对健康至关重要。只有全方位、全周期保护环境，才能从根本上满足广大人民群众的共同追求。

如今，生态环境已成为影响我国全民健康的根本因素之一。生态环境主要通过环境（水、气、噪声、土壤等）要素的污染、生态系统的破坏（生态系统健康受损和生态系统服务功能下降）等方面影响人的身体健康。

人体健康会受多种因素交织影响，如疾病谱、生态环境、生活方式等，再加上工业化、城镇化和人口老龄化等大的时代背景，因此，既要认识到环境健康问题的严重性与紧迫性，又要在科学基础上理性认识；既要有战略定力和顶层设计，又要有切实的行动计划和具体的行动落实。

（1）建立健全环境与健康相关制度。虽然我国已经以法律形式确立了环境与健康制度，但其制度的建立健全还要做很多工作。不仅要在体制上构建以环境保护部为主导的机制，还要全方位建立和完善环境与健康监测体系等机制，并将环境与健康工作纳入政府考核指标体系。

（2）重点抓好污染防治，解决突出环境问题。近年来，国家已采取了一系列改善环境质量的措施并取得成效，但空气、土壤、水污染等损害人群健康的突出环境问题依然没有根除。其实，只要抓好污染防治，就抓住了环境保护的当务之急，也能回应人民提高生活质量和促进社会和谐的诉求。具体方法为：实施分区控制，取缔所有排污口，加强饮用水水源地保护；对常规污染物与以碳为主的温室气体、危险物质进行综合控制，加强重点区域联防联控；加快推进国土绿化，合理调整涉重、涉危化的企业布局，积极开展农村污染防治和环境修复等。

（3）完善并健全食品与公共安全体系。

1）要牢固树立安全发展理念，贯彻食品安全法，切实提高农产品质量安全水平，大力抓好食品安全监管。

2）将质量升级作为农业转方式、调结构的关键环节，严格控制从农田到餐桌的每一道防线，让人们吃得安心、放心。

3）要坚持问题导向，加强源头治理、前端处理，把基层一线作为公共安全的主战场，建立健全公共安全形势分析制度，及时清除公共安全隐患，努力减少公共安全事件对人民生命健康的威胁。

通过上面分析可见，环境与健康管理是一项跨部门、跨领域、跨学科的复杂工作，需要建立强有力的统筹和协调机制。同时，要推进健康、环境与发展的跨学科基础研究，始终把人民健康放在优先发展的战略地位。

第二节　清洁生产是人类的选择

一、使用正确的方法来处置废弃物

垃圾是人类日常生活和生产中产生的固体废弃物，由于排量大，成分复杂多样，且具有污染性、资源性和社会性，需要无害化、资源化、减量化和社会化处理；如果不能妥善处理，就会污染环境，影响环境卫生，浪费资源，破坏生产生活安全，破坏社会和谐。垃圾处理就是要把垃圾迅速清除，并进行无害化处理，最后加以合理利用。下面我们就简单介绍一下国际和国内的垃圾处理方法。

1.国际处理方法

国外广泛采用的城市生活垃圾处理方式主要有卫生填埋、高温堆肥和焚烧等。这三种垃圾处理方式的比例，因地理环境、垃圾成分、经济发展水平等因素不同而有所区别。

由于城市垃圾成分复杂，并受经济发展水平、能源结构、自然条件及传统习惯等因素的影响，所以国外对城市垃圾的处理一般是随国情不同而不同。即使在同一个国家，不同地区也会采用不同的处理方式，很难有统一的模式，但最终都是以无害化、资源化、减量化为处理目标。

从应用技术来看，国外采用的垃圾处理方式，机械化程度较高，设备完备。从国外多种处理方式的情况看，有以下趋势：工业发达国家由于能源、土地资源日益紧张，焚烧处理比例逐渐增多；填埋法是垃圾的最终处置手段，一直占有较大比例；农业型的发展中国家多数以堆肥为主；其他一些新技术，如热解法、填海、堆山造景等，正不断地取得进展。

焚烧是世界各国广泛采用的城市垃圾处理技术，配有热能回收与利用装置的垃圾焚烧处理系统，顺应了回收能源的要求。国外工业发达国家，特别是日本和西欧，普遍致力于推进垃圾焚烧技术的应用。

国外焚烧技术的广泛应用，除得益于经济发达、垃圾热值高外，主要在于焚烧工艺和设备的成熟、先进。国外工业发达国家主要致力于改进原有的各种焚烧装置及开发新型焚烧炉，使之朝着高效、节能、低造价、低污染的方向发展，自动化程度越来越高。

2.中国处理方法

中国城市垃圾处理主要以卫生填埋和高温堆肥技术为主，鼓励有条件的城市，特别是沿海经济发达地区发展焚烧技术。近几年，各城市开始进行垃圾焚烧处理的基础研究和应用研究工作，开发了包括NF系列逆燃式、RF系列热解式、HL系列旋转式小型垃圾燃烧炉及一批医院垃圾专用焚烧炉，并建设了一批中小型城市简易焚烧厂（站）。1985年，深圳引进日本三菱公司焚烧成套技术与装备，建成了中国第一座大型现代化垃圾焚烧、发电一体化处理厂，为中国开展城市垃圾焚烧装置国产化工作打下了基础。

近几年，随着中国经济的发展和人民生活水平的提高，城市垃圾中可燃物、易燃物含量明显增加，热值显著增大，一般经过分类、分选等预处理后，垃圾热值已接近发达国家城市垃圾的热值。因此中国一些城市，特别是沿海经济发达地区等已具备了发展焚烧技术的基础。

国家有关部门与部分专家学者已经拟定了在各城市中心实施垃圾焚烧处理的方案。结果，掀起了一场处理城市垃圾"焚烧"与"反焚烧"的争议，政府打算在各大城市建立城市垃圾焚烧处理厂，却遭到了广大市民的激烈反对，显然在城市中心及边缘建立垃圾焚烧区域弊大于利。

3.一般处理方法

垃圾处理的一般方法可概括为物质利用、能量利用和填埋处置三种。

（1）物质利用。又称物质回收利用，指通过物理转换、化学转换（包括化学改性及热解、气化等热转换）和生物转换（包括微生物转换、昆虫转换和动物转换等），实现垃圾的物质属性的重复利用、再造利用和再生利用，包括传统的物质资源回收利用和易腐有机垃圾转换成高品质物质资源。

（2）能量利用。又称能量回收利用，指将垃圾的内能转换成热能、电能，包括焚烧发电、供热和热电联产。

（3）填埋处置。对不能进行资源化处理（包括物质利用和能量利用）的无用垃圾可以进行填埋处置。

一般而言，垃圾处理应坚持"先源头减量和排放控制、再物质利用、后能量利用和最后填埋处置"的分级处理与逐级利用理念，均衡发展垃圾处理的各个环节，尤其要加强分类垃圾的物质利用，减少垃圾的产生量，并减少每级处理后的垃圾排放量。

二、综合整治，防止环境污染

从整体出发，对环境污染问题进行综合分析，在环境质量评价、制定环境质量标准、拟定环境规划的基础上，采取防治结合、人工处理和自然净化结合等措施，以技术、经济和法制等手段，实施防治污染的最佳方案，以控制和改善环境质量。

1.防治环境污染原则

环境污染防治，需要遵守以下几个原则：

（1）防治结合，以防为主。在防的方面，要加强环境规划和生产管理；在治的方面，要综合利用各种治理技术措施。

（2）技术和经济相结合。制定综合防治方案，要考虑技术上的先进性和经济上的合理性。

（3）人工治理和自然净化相结合。要充分利用自然净化能力，确定经济合理的排污标准和排放方式，尽量减少人工治理费用。

（4）发展生产和保护环境相结合。在发展生产的同时，加强资源管理，防止资源浪费，并通过改革产品设计、工艺和设备，实行综合利用，减少污染物的排放量和处置量。

2.污染综合防治措施

污染综合防治措施包括以下几个方面：

（1）调整产业结构，合理工业布局。进行产业结构的优化与调整，要按照"物耗少、能耗少、占地少、污染少、运量少、技术密集程度及附加值高"的原则，限制那些能耗大、用水多、污染大的工业。要从环境、经济、社会效益三方面统筹考虑，对一、二、三产业之间的结构比例进行调整和优化，走可持续发展道路。

（2）推行清洁生产，减少污染物排放量。要采用清洁能源、原材料、生产工艺和技术来制造清洁产品，通过生产的全过程控制减少污染物的排放量。同时，改革现有的生产工艺，积极发展新型节水技术和工艺，降低产品生产过程中的用水量，减少废水的产生和排放。例如，采用无水印染工艺，可以消除印染废水的排放。

（3）大力发展废水资源化及回用技术。回收废水中的有用物质，既可使之变废为宝，又能增加经济效益，还可减轻废水处理的负荷。废水经过有效净化后，可直接返回到生产工艺流程中进行重复或循环利用,既可用作生产工艺用水或工业冷却水,也可用于城市建设;既能用作娱乐、景观用水或补充地下水,也能用于农业生产,用来灌溉农田、养鱼等。

(4)完善环境管理体制,加强监督管理。具体方法是:

1)建立并完善环境污染物排放标准及污染物控制相关法规条例,严格执行排污许可证制度、排污收费制度等环境管理制度。

2)加大环境监督及执法力度,对那些不能进行污染源治理或达标排放的厂矿企业,要坚决关、停、并、转。

3)转变环境管理指导思想,严格管理产生废水的污染源,使排放的废水达标。

(5)开发高新技术工艺,提高污水治理水平。要依靠科技进步,不断开发处理功能强、出水水质好、基建投资少、能耗及运行费用低、操作维护简单、处理效果稳定的污水处理新技术、新工艺,提高水污染治理水平。

三、不能忽视了"绿色经济"

绿色经济是一种新的经济形式。其以市场为导向、以传统产业经济为基础、以经济与环境的和谐为目的,是产业经济为适应人类环保与健康需要而产生并表现出来的一种发展状态。

绿色经济融合了人类的现代文明,以高新技术为支撑,有利于人与自然和谐相处,有利于经济的可持续发展,是市场化和生态化的有机结合,充分体现了自然资源价值和生态价值。它是一种经济再生产和自然再生产有机结合的良性发展模式,是人类社会可持续发展的必然产物。

绿色经济的范围很广,包括生态农业、生态工业、生态旅游、环保产业、绿色服务业等。与传统产业经济的区别在于:传统产业经济是以破坏生态平衡、大量消耗能源与资源,是一种损耗式经济;绿色经济则是以维护人类生存环境、合理保护资源与能源,是一种平衡式经济。

1.基本制度

(1)合理的环境保护制度。

可持续发展特别强调制度因素对维持长期经济发展的重要作用,认为合理、高效的制度安排有利于解决环境问题,促进环境、经济、社会三维复合系统的健康运行。一般认为,环境问题的根源是制度失灵,表现为市场失灵和政府失灵。

1)强制性制度是指采用法律、行政、经济等强制性手段来实现经济活动绿色化。其中,法律手段主要表现为自然资源与环境保护立法、司法和法律监督等方面的内容;行政手段主要表现为国家行政机关制定的经济发展与环境保护相协调的环境保护政策,对环境保护产业的政策性引导、规划与监督,诸如建立环境影响评价制度、环境资源利用与保护许可证制度等;经济手段主要是指国家通过经济鼓励与经济抑制对环境进行干预,如建立环境保护专项投入资金,对环境保护科研与教育的组织与投入,收取环境资源税费等内容。

2)非强制性制度主要是指通过对社会公众的环境知识、法律知识教育,培养社会公众的环境价值观、道德观和良好的环境习惯,提高公众的环境保护意识。

合理的环境保护制度,能够使人们认识到:人类是自然的一部分,既不能超越自然,也不能与自然相分离,应当保持与自然环境平等相处的关系,如此人们就会按照发展绿色经济的法律和道德规范标准从事生产、流通和消费活动。

(2)环境保护激励机制。

之所以要制定激励机制,是组织者为了使成员的行为与其目标相容,充分发挥每个成员的潜能。发展绿色经济,离不开环境保护激励机制,主要内容包括以下方面:

1)环境资源产权制度激励,是指通过确立和明晰各种环境资源的产权关系,使环境资源的所有者和使用者之间借助市场机制建立最直接的绿色经济关系,增加生产者的环境保护成本,推动环境资源的合理利用,减少或消除环境污染的过程。广义地讲,产权就是受制度保护的利益,这不是指人与物之间的关系,而是物的存在及关于它的使用所引起的人们之间相互认可的行为关系。产权安排确定了每个人都必须遵守他与他人之间的关系,还要承担不遵守这种关系的成本。

2)企业环境制度激励,是指通过制定和实施企业发展的绿色化规则或指标体系,规范、引导和推动企业及其内部财产制度和管理制度的绿色化安排。

绿色企业是绿色经济的主体,企业内部财产制度和管理制度的绿色化安排具体表现在以下方面:

①企业实行绿色的财产权制度,包括企业的组织形式、财产权结构、企业内部的治理结构等坚持环境保护理念;

②企业实行绿色的分配制度,包括利益分配形式和职工福利形式;

③企业实行绿色的管理制度,包括企业生产管理、组织管理、核算制度、审计制度等方面的绿色要求。

3)绿色消费制度激励,是指通过消费者对绿色产品的认可和欢迎程度,决定生产者的利益,对绿色产品生产者能够产生激励的作用。自20世纪90年代以来,绿色消费浪潮席卷世界,已经渗透到社会生活的各个方面,要不断调整生产结构,引导生产者从事绿色生产经营活动。

4）政府绿色引导制度激励，是指政府用相应的产业政策和法律、法规对生产者的收益比例进行调节，以弥补市场引致的绿色生产者与非绿色生产者之间、绿色生产者与社会效益之间的收益差距，使绿色产品生产者的收益率不断接近社会收益率。任何绿色产品的社会效益都会高于生产者的私人收益，而企业的生产取决于消费者对产品的需求，一旦消费者基于绿色产品的价格原因而减少绿色产品消费，则势必影响企业的生产。因此，政府有必要建立绿色引导激励机制。

2. 职责

（1）消除环境外部性制度。

在传统经济模式下，由于环境资源产权不明晰，缺乏资源交易规则，无法形成市场化的产权交易。因此，生产者在利用自然环境资源从事生产和向自然环境排放废弃物时，往往不需要支付任何费用，所发生的自然环境的污染和破坏直接由社会承担。责任者不需要也不会将其对环境的污染和破坏所发生的损失纳入内部成本核算，这必然会导致生产经营者环境成本的外部化。

在绿色经济模式下，环境资源的保护是生产经营者从事生产经营活动的前提条件。生产经营者基于环境资源产权制度和保护制度的安排，一方面要有偿利用环境资源，并根据市场规则确定环境资源的交易费用；另一方面又担负着保护环境的法律和经济义务，在排放废弃物时，不仅要符合强制性的规定标准，还要支付相应的费用。环境成本的增加，必然会促使生产经营者在生产经营过程中更多地关注环境资源的合理利用，减少环境问题的发生，从而降低生产经营成本，提高经济效益。

（2）强化政府环境保护职责。

1）促导职责。主要是通过运用经济杠杆和调整经济参数来影响人们的行为，通常采用税收、信贷、财政补贴等手段，如通过征收排污费（或税）、资源费（或税），促进企业减少污染物的排放和合理开发、利用自然资源；通过低息贷款或优惠贷款，帮助企业修建防治污染设施；通过优惠政策，鼓励企业回收利用废弃物、采用清洁生产工艺、生产环保产品；通过加税或停止贷款等方式，促使企业减少及停止生产污染环境的产品，同时减少严重污染环境的工艺、设备等的使用。

2）强制职责。是指政府运用行政权力，直接对人们的行为进行限制和管理，表现为：对建设项目的环境影响评价报告和防治污染的方案进行审批；审核和颁发环保许可证；下达限期治理和停业、关闭的决定；下达限期淘汰严重污染环境的工艺、设备名录；禁止和查处环境违法行为等。

3）参与职责。在必要的时候，政府会直接以经济主体的身份参加经济活动，调节经济发展，表现为：政府投资环境建设，如建设污水处理厂、垃圾处理场、进行城市美化和绿化、组织城市环境综合整治；政府投资开发环保产品和环保产业等。通过政府权力性和非权力性手段的干预，促使人们在进行各种社会、经济活动中要考虑对环境的影响。

4）保护职责。政府对环境保护职责包括：建立完善公众参与机制，完善政府各种环境管理手段，增强其规范性与透明度；增加环境保护的社会投入，有效地提供环境公共物品，诸如清新的空气、清洁的水源、宁静的环境等；协调各地区、各部门的环境保护活动的发展，消除环境保护发展的不均衡状况；加强环境保护国际合作，履行国际环境义务。

（3）制度化的社会技术创新。

实现经济的可持续增长，与技术创新具有密不可分的关系。根据西方经济学家的观点，经济增长总是先由某个部门进行技术创新开始的，技术创新可以使该部门降低成本，扩大市场，增加利润，扩大对其他部门产品的需求，从而带动地区经济和整个国民经济的增长。

提高研发的投入与国内生产总值的百分比，是提高经济高质量增长的重要前提和保障。绿色经济所需要的社会技术创新，主要表现在如下两个方面：

1）对传统经济技术改造与创新，包括资源削减技术、再循环技术、无害化技术等，有利于减少自然资源的利用和废弃物的排放，提高资源的利用率，促使企业从资源密集型企业转变为技术密集型、环保型企业；

2）运用高新技术，实现产业结构的不断优化升级，有利于智力资源对环境物质资源的替代，能够促进经济活动的知识化、生态化转向，培育和发展科技含量高、经济效益好、资源消耗低、环境污染小、人力资源得到充分发挥的新型工业企业，推动经济的持续增长。

3. 措施

为了应对全球金融危机，要把发展绿色经济作为我国推动可持续发展、促进经济转型的有效途径，让绿色经济成为"稳增长"与"调结构"的引擎。为此，需要采取以下六条措施，积极探索发展绿色经济的有效模式。

（1）利用利益引导机制，培育绿色新兴产业，推动绿色产业集聚，延长产业链，提升价值链，提高产品附加值。首先，要完善资源环境价格形成机制，发挥价格机制的引导作用，通过投资审批、土地供应、融资支持、财政补贴和税费优惠等政策工具，改变绿色生产的成本收益结构，积极引导企业培育和发展绿色新兴产业。其次，要加强绿色产业集聚区建设，依托现有高新区、经济开发区，营造良好的软环境，推广资源节约和环境友好的两型产业，推动绿色产业集群化。再次，要根据产品工艺和生产工序的内在联系，在多个企业或产业间进行工业生态的链接，增强相关企业或产业之间的关联度，延伸产业链条，提高产品的附加值，形成多产业横向扩展和资源深加工纵向延伸相结合的绿色产业链。

（2）加强绿色技术研发，培育发展绿色产业的人才，建立支持绿色产业的产学研合作体系和绿色人才培养激励机制。要加强政府、企业、高校、科研院所和社会中介组织之间的分工协作，广泛建立并优化产学研合作体系。具体包括以下方面：

1）要加大对绿色技术的公共研发投入，构建利益补偿机制和风险分担机制，设立专项基金用于支持绿色经济企业的自主技术创新，推进引进、吸收和集成技术创新；企业同科研院所、高等院校要联合建立研发机构、产业技术联盟等技术创新组织，形成支持自主创新的企业、高校、科研院所的合作生态，共同面向绿色技术进行科技创新活动；行业学会，协会等社会组织也要发挥其中介优势，提供绿色技术交流平台和绿色技术引进渠道，促进绿色技术成果的扩散和商业转化。

2）要完善绿色技术和产品的质量认证标准，淘汰对生态环境危害较大的企业，保留具备绿色生产能力、符合绿色生产标准的先进企业。当然，绿色技术的学习和扩散必须建立在一定的知识积累和人才储备基础上。

3）要完善绿色创新人才的培养激励机制，建设绿色技术研发队伍。通过发现、评价、选拔、管理和激励等制度创新，来培养一大批绿色经济技术领军人才和创新型企业家，大力引进国内所稀缺的海外高端人才。

4）完善金融投融资渠道，发展绿色金融，吸引天使投资、风险投资和股权基金等来发展绿色经济，通过绿色信贷政策来引导社会资金流向绿色产业。

绿色新兴产业对既有石化技术体系可能产生颠覆性冲击，再加上投入高、周期长，使得对其的投融资面临很多风险和不确定因素，如此就在一定程度上限制了其银行信贷的获取。股权投资具有市场筛选、产业培育、风险分散、资金放大、要素集成、促进合作等制度功能，是高新技术产业化的催化剂。支持绿色经济，就要发展以"天使投资—风险投资—股权投资"为核心的投融资链，尽可能扩大其退出通道。吸引天使投资、风险投资和股权投资，聚集对绿色经济领域的投资，扶持创新型绿色中小企业。

除利用直接融资工具外，还要鼓励国家政策性金融机构对绿色产业进行重点扶持，针对可再生能源项目定向发放无息、低息贷款；要实施积极的绿色信贷政策，对商业银行实施信贷窗口指导；要通过加强对节能减排、新能源研发企业的信贷支持，严格控制对高耗能、高污染和产能过剩行业的贷款，引导金融机构将资金投入到绿色经济领域；要通过政府采购和绿色产品补贴等措施，刺激绿色消费，推动绿色生产和绿色消费良性互动。

5）倡导绿色消费方式，有利于带动绿色产业发展，促进产业结构升级优化。我国绿色消费市场潜力巨大。研究表明，80%以上的欧美国家消费者把环保购物放在首位，愿意为环境清洁支付较高的价格。而与国外相比，中国的绿色消费人群要少10~20个百分点，绿色消费理念的形成将促进中国绿色消费市场的开发。要利用经济手段引导绿色消费，通过价格机制,加大对以节能环保为导向的绿色消费的补贴力度和信贷支持,刺激绿色生产和绿色消费。

6)加强绿色理念宣传,使公民逐步树立绿色消费观,在全社会营造出一种生态、适度、节俭的绿色消费氛围。同时,推进绿色建筑、绿色家庭和绿色交通建设,形成绿色消费与绿色生产的良性互动机制。

7)建立绿色政绩考核机制,加快完善资源环境成本核算体系,把环境绩效纳入地方政绩考核的硬指标。目前,北京、浙江等省市已明确要求将绿色GDP纳入其经济统计体系,还将此作为地方党政官员政绩考核的一部分。但由于自然环境固有的非排他性和非竞争性特点的限制,污染责任难以明晰。正确的做法是明晰资源环境产权,确定资源环境价格,逐渐完善资源环境成本核算体系,实现绿色经济考核有据可依。

8)要理顺绿色经济的监督管理体制,明确监督管理部门和其他相关部门的职责,从机制上做到权责一致、分工合理。要从根源上弱化着眼于地方经济总量的政绩考核机制,把能耗、水耗、主要污染物和二氧化碳的排放强度等环境绩效指标作为考核官员的硬约束指标,督促地方发展模式的转型。对于生态环境重要但脆弱的地区,要建立资源有偿使用和生态补偿机制综合试验区,增强全社会的可持续发展能力。

9)要加快修订和制定与"绿色经济"相关法律法规,提高环境执法力度,逐步构建系统、高效的绿色经济法律体系,强化法律的执行。发展绿色经济是一项复杂的系统工程,要重点加强多层次梯度立法和完善法律配套措施,为绿色经济发展提供体制保障。同时,要加快修订《环境保护法》、推动《绿色经济促进法》和《能源法》等相关法律的制定。鼓励各地在国家立法的框架内,结合本地特色和实际,制定适合地方需要、操作性强的地方性法规、条例、规章和政策标准。要统筹考虑循环经济、低碳经济、清洁生产以及节能减排等与"绿色经济"相关的内容,综合处理好《资源利用法》《能源法》《污染防治法》《自然资源保护法》等法律之间的关系,做好相关法律之间的衔接与协调,逐步构建系统、高效的绿色经济法律体系。当然,法律的生命在于执行,尤其要强化环境执法的重要地位。

第三节 控制人口增长,促进可持续发展

一、人口增长是环境问题的根源之一

1.人口与环境

(1)从自然环境与人口增长的作用来看。首先,自然环境给人类生存和发展提供

了最初的生活资料和劳动资料，也提供了最初的劳动对象；从资源角度来说，自然环境提供了人类需要的生物资源和非生物资源，两者又构成一个完整的生态系统，人类就是生存这个生态系统中，人类社会成为这一系统的组成部分。其次，一定的生态系统是人类生存和发展的自然物质基础。生态系统的变动，对人类生存和发展会产生重要影响。人口的发展依赖于一定的生态平衡，如果生态严重失衡，就会影响人口的发展。再则，自然环境为人类提供生产和生活的场所，不同的环境对人类的劳动、生活和心理会产生不同的作用，甚至会影响到人口的地理分布，人力资源的配置等，从而成为制约人口增长过程的重要因素。

（2）从人口发展对自然环境来看。首先人类在适应自然环境的同时，也在为自身的生存和发展而改造和利用地球，对地球生态系统产生了巨大的影响；其次，人类有征服地球的能力，但在物质生产和科学技术的发展水平还有所欠缺的情况下，为了实现生态的平衡，人类自身的发展一定要适应自然环境的承受能力；再则，人类以环境恶化来满足自身的盲目增长，必然会陷入人口过度增长与环境恶化的恶性循环之中，最终导致贫困的境遇。

既然世界人口的发展受制于自然环境，而自然环境又受人口增长的影响，人类就要考虑自身发展与环境之间客观存在的依赖关系。根据自然环境所提供的物质条件，保持和调节人口与环境相适应的比例关系，不能盲目地发展自身，要使人口的适度增长与环境保护处于良性循环之中。

为了防止环境恶化，发展中国家更要注意控制人口过度增长。由于人口过度增长，广大发展中国家或地区为了生存不得不对森林进行大规模的砍伐，不得不毁林造田、种植粮食。但随着森林面积急剧减少，一些珍贵的植物消失，恶化了人类自身生存和发展的物质条件；运用落后的耕作方式进行掠夺性种植，或采取粗放型经营手段进行过渡性放牧，致使绿色植物遭到严重破坏，大量良田的土质退化，甚至沙漠化或盐碱化，从而导致耕地减少，对人类的生存和发展构成威胁；淡水资源遭受大面积污染，不少发展中国家居民难以获得安全饮用水，不得不饮用受污染的水源，为疾病埋下隐患，从而影响人类自身的增长。

由此可见，人口过度增长是构成自然环境恶化的根源之一。广大发展中国家只有控制人口过速增长，才能从根本上解决环境问题。

2.人口与资源问题

（1）人口增长带来粮食资源的短缺。

俗话说"民以食为天"，人口的增长必然需要与之相适应的粮食资源。在粮食资源上，发展中国家的问题尤为突出。在20世纪80年代，发展中国家粮食总产量的增长速度虽然高于发达国家，但由于人口增长过快，人均粮食产量却低于发达国家。

多年来，世界粮食的基本格局一直是发达国家粮食有余，而发展中国家粮食紧缺。20世纪80年代全世界有数千万人处于饥寒交迫之中，而目前仅非洲就有1亿多人口吃不饱肚子。可见，全球的饥民人数在不断增多。数据显示，长期食不果腹的人数已增至5.5亿左右，占世界总人数的11%，其中每天有4万人死于饥饿或营养不良引发的疾病。由于人口增长速度超过粮食增长的速度，发展中国家粮食短缺成为日趋严重的问题。

（2）人口增长带来人均耕地的减少。

据联合国报告，70年代时人均占有耕地0.37公顷，到2000年时已下降为0.15公顷。20世纪70年代每公顷耕地需养活2.6人，到2000年则需养6.6人。可见，人口增长与耕地不足的矛盾越来越尖锐。人口增长过度会直接引发粮食危机，对人类自身的发展构成严重威胁。

（3）人口的过度增长也促使水资源的短缺。

缺水问题最突出的是中东地区，那里的人口每年以3%的速度增长，淡水资源的消耗也日益剧增，已使缺水问题到了危机的边缘。缺水状况的恶化又导致气候的反常，更加剧了水资源的枯竭。专家认为，如果无法遏制人口增长势头，只要用30年时间，中东地区数十年来开发水资源和保水工程的成果就会化为乌有。

此外，为了满足自身人口的增长的需要，人类不断地开采和消耗能源。随着人口增长速度的加快，人类对能源的消耗也急剧增加，其中能源矿物和金属矿物消耗量尤为巨大。21世纪世纪初世界能源消耗量每增加1倍大约需要50年，但由于人口的膨胀，目前这段时间已缩短到15年左右。显然，能源危机与人口过度增长有着紧密的联系。

总之，之所以会出现资源问题，一个重要原因就是人口膨胀。如果人口增长过度问题不能得到有效控制，那么资源问题造成的全球危机终将提前到来。

二、响应国家人口控制政策

人口政策是一个国家根据本国人口增长过快或人口停止增长乃至出现负增长而采取的政策措施。不同的国家，人口发展的情况不同，需要采取不同的人口政策；一个国家的人口政策还会随着本国人口发展的实际情况作适当的调整。比如，2015年我国全面实施二孩政策。

再如，泰国20世纪上半叶时期提倡与鼓励生育，到60年代中期，人口剧增，人均耕地减少，粮食供应紧张；70年代开始大力推广"家庭生育计划"，1992年人口自然增长率由70年代初的3%下降到1.5%。

再如，法国是世界上第一个人口出生率持续下降的国家，也是第一个出现人口老龄化的国家。为了提高出生率，缓解老龄化程度，国家采取了一系列政策措施，鼓励人们多生育。

政府对于调节、指导人口发展变化所持的态度与所采取的手段和措施，有广义和狭义之分。广义的人口政策指的是政府为了达到预定的与人口有关的经济、社会发展目标而采取的措施，以此来影响生育率、死亡率、人口年龄结构、人口生理素质、文化教育程度、道德思想水平，以及人口迁移和地区分布等。狭义的人口政策主要指政府在影响生育率变化方面采取的措施。当然，政府对人口变化不采取任何行动也是一种政策选择，这种选择也将影响未来人口的变化。

人口政策是政府基本国策中不可缺少的组成部分，不论有无明文规定的人口政策，政府制定的很多方针措施大多会对人口的变化产生大小不等的影响。按照贯彻的方式，人口政策又有直接和间接之分。前者通过制定有关规定、条例、法律和奖惩办法加以实施；后者则通过间接途径引导群众的生育行为，使之符合政策目标的要求。

人口政策主要有：

（1）调节人口自然增殖政策。它可以直接规定预定时期的人口规模或自然增长目标，也可以规定最低结婚年龄，借以影响生育率。但是，一般在规定生育率目标的同时还必须制定死亡率下降的目标，因为死亡率的下降对于生育率的降低具有极大的促进作用。制定人口规模的目标必须以人口发展的近期、中期和长期预测为依据，考虑到人口年龄结构的合理变化。

（2）国内人口迁移政策。这一政策常常和人口地区的分布政策密切结合，两者的目标必须保持一致。此外，人口地区分布政策也可以通过对不同地区制定不同的人口自然增长目标来实现。为了改变人口地区分布，可以对迁移实行法律控制的直接政策，如限制移民进入城市地区或某些特定的地区；也可以对迁移采取间接影响的措施，如对符合政策目标的移民给予特定的优惠待遇，对不符合政策目标的移民则取消其某些权利。

（3）人口分布政策。这种政策常常具有多重目的，如发展特定地区的农业、工矿业；巩固边防；疏散人口过密地区的人口等。

（4）国际移民政策。可分为迁入国和迁出国两种类型，通常采用法律的形式来实施。许多移民入境国都会通过法律条文对不同来源国的移民进行选择性的鼓励、限制或禁止，而移民出境国则会按不同情况对本国移民出境分别进行鼓励、限制或禁止，如一些发展中国家就会限制技术人员出境，鼓励非熟练劳动力外迁。